看見荒野

土地與人永續美好共生

李偉文——著

自序／如是我聞

威廉．莎士比亞（William Shakespeare）在《暴風雨》這齣戲劇開場有句話：「凡過去發生的一切，皆為序曲！」

回顧荒野這三十年來伙伴們的點點滴滴，對莎士比亞這句話更有共鳴。

我常認為荒野伙伴努力的不是辦活動，更不只是盼望環境議題被看見，荒野從事的是一場運動，透過愛與行動來改變人心、改變社會的運動，伙伴們在荒野裡行動的過程就是成長的過程，是追尋生命源頭的過程。

不管是荒野大自然或荒野保護協會，都是活生生的、不斷成長且不斷演替的歷程，每一個人的加入、每一分力量的投入都可以為荒野帶來正面的改變。

很多佛經都以「如是我聞」做為開頭的第一句，意思是書中所寫的，是我親眼所看見，親耳所聞，我只是如實記錄下來而已。

《看見荒野：土地與人永續美好共生》沒什麼大道理，有的只是我如實地記錄下荒野伙伴們的互動及大家的努力與思索。雖然是由我執筆，但全部的功勞必須歸諸於這三十年來曾投入的伙伴們，因為大家在全國各地長期的默默努力，不求名、不求利，更不習慣宣傳作秀，偶爾被我看到了，利用看診之間的一點點空檔隨手記下。

覺得自己在荒野的角色只是個目瞪口呆的歡喜讚嘆者，甚至在感動之餘，連鼓掌也忘了！

最近常想到美國兒童文學作家瑪西亞．布朗（Marcia Brown）在半個多世紀前創作的《石頭湯》，書中內容多像荒野大家庭裡的實況描繪啊！只要大家都能貢獻一點心力，合起來就是豐富多彩的盛宴，而荒野裡每個小團隊、每個活動的召集人，多麼像提供石頭、烹煮石頭湯的人啊！

清朝詩人龔定庵曾說：「文字因緣骨肉深！」《看見荒野》是一本分享感動與希望的書，試圖在廣漠喧囂的世界中呼喚，尋求同伴，讓彼此覺得不孤單，以便擁有足夠的動力堅定地往前走去。

法國大文豪維克多．雨果（Victor Hugo）曾說：「我們所寫出去的文章，就像在荒島上向大海丟出一支求救瓶，隨著天候潮汐、隨著命運，瓶中信會漂向何處，何時落到何人手裡，我們一無所知。」

正因我們一無所知，所以我充滿希望。

我們相信有志者事竟成，我們要讓眾人以為不可能的事情變成普遍存在的事實。

我們也相信，因為有夢、有願望，個人往往可以發揮出想像不到的巨大力量。

目次

PART 2
土地與生命的交織——自然教育與環境行動

PART 3 荒野行者的足跡──伙伴、志工與永續社群

PART 4 與自然共生的未來

PART 1

荒野初心

——夢想與行動的起點

我的荒野大夢

在這個變化快速的年代中，還有多少人對兒孫輩以後的事情懷有夢想？

幸好我發現周遭多的是不死心的朋友。

常常會想到，再二十年或三十年後回頭看，今天我們開什麼車子，住哪種房子，吃什麼山珍海味或穿得如何，甚至現在的喜怒哀樂、煩惱、痛苦與掙扎，一點也不重要了。但是，未來的世界卻會因為現在重視一個孩子的生命教育而變得更好。

有不少朋友問我：「到底你們荒野保護協會想做什麼？」「你生命中的夢想是什麼？」仔細想想，我們的夢想其實這麼單純：荒野只希望大家能帶著孩子在天籟下起舞。

我夢想每一個在臺灣長大的孩子都有機會感受到大自然的美好，讓大自然的豐富能在孩子的成長過程中，成為滋養的來源。

我很擔心臺灣的孩子絕大多數住在都市水泥叢林裡，擁擠及危險的空間使孩子的視野只及於幾公尺之內，生活接觸不到大自然，體會不到來自大自然的生命力。

很難想像，沒有被自然感動、沒有與其他生物互動經驗的孩子，長大後會如何看待其他生命？

很難想像，從小沒有機會接近土地、沒有機會接近臺灣鄉土的孩子，長大後會如何對待臺灣的自然環境？

很難想像，這些沒根的孩子長大到開始主導臺灣的未來時，臺灣會走向何處？

生物成長中有所謂「銘印現象」，比如某些種類的雁鴨在破殼出生的一剎那，出現在牠面前的生物就被視為牠的母親。我們相信人類也有銘印現象，在孩子感受力最強的時候，若能給他正面且善意的情緒感受，這種感動的力量乍看似乎細微不起眼，卻可能是一個孩子改變的契機，或是成長歷程裡生命力量的活水源頭。

荒野許諾給臺灣的孩子一個綠色童年的大夢，我們手無寸鐵，只有一顆熱情的心，但是我們勇敢地往前走。魯迅曾說過：「地上原來是沒有路的，只是因為走的人多了，便走出了路來！」

因為愛的緣故

有人問我為什麼能夠在長達三十年裡，放棄可以工作賺錢的時間去當志工，或者，同樣在環境運動路上努力的伙伴會質疑我，為什麼可以這麼快樂？

大家常看我笑口常開，一副毫不在乎的樣子，其實我太在乎了，我的無所謂其實是太有所謂了。

許多人以為我是無可救藥的樂觀者，其實我經常得和自己的無力感對抗！

不過我體會到要有效地使事情真正的產生改變，不是喊喊口號就可以了，我們必須以多大的毅力去讀書以獲得解決問題的能力或判斷力；同時我們也必須以多大的紀律去做苦工，腳踏實地，一對一，面對面，一步一腳印地付出勞力與血汗或一字一句地寫，一封信一封信地寄；當然，還必須委屈求全，面對既得利益者，面對刁民或金權勢力等不以為然的人事物，我們的理就算再直，氣仍必須更和緩、更低下地溝通或協調。

經常夜裡就是與自己的灰心沮喪對抗著！

無力感往往源於想達到的目標太過龐大，或者問題癥結是體制，是現代社會結構與生活方式，因此個人再怎麼努力，似乎看不到具體成效所產生的。

至於灰心是最常見的，只要做事的過程中，碰到別人冷漠地對待，伙伴的誤解，甚至其他單位或團體的批評或中傷，都會使我們感到灰心。

我想，從事社會運動或在公益團體當志工的朋友，常會有「理直氣壯」的態度，往往認為「我出力又出錢來做好事」，所以對於別人的誤解，甚至批評或中傷會特別敏感。我在公益團體當志工已有二十多年，早些年常因別人的冷嘲熱諷，或者有意無意的曲解或中傷而氣憤難過。

每一次讓我重新振作起來的力量，就是腦海中荒野伙伴們真摯的眼神與無怨無悔地付出；當我想到一幕又一幕的畫面，一次又一次荒野伙伴面對環境破壞所流下的眼淚，眼界大千皆淚海，這是我得以鼓起勇氣的動力來源。哦不對，不只是因愛所流的淚，還有因愛所產生的歡笑，以及伙伴們彼此溫暖的對待與體貼的打氣、等待與陪伴，都是我們得以繼續往前走的動力啊！

多年以前，李育青伙伴擔任荒野合歡山體驗活動的領隊，當他帶著伙伴們坐在山頂，望向被蠶食鯨吞的山林，不禁當場哭了起來。

曾經擔任高雄炫蜂一團團長的蔡亦琦伙伴，帶著小蜂做自然觀察，忽然看到一棵大樹被人破壞，她站在那裡哭了半小時，讓小蜂們嚇了一跳。

都是因為愛的緣故！

荒野剛成立那一年，第一次辦花蓮的自然體驗活動，黃雍熙、廖惠慶帶著孩子全家參加，隨著荒野伙伴在他們家鄉玩耍。活動結束，他們開車繼續尋覓童年往事。當雍熙看到臺東濱海公路正在拓寬的可怕景象，看到三棧溪毫無必要的堤防與消波塊毀掉人與自然互動的可能，雍熙激動地不斷向惠慶說這裡以前是多麼美好……惠慶聽煩了，丟下一句：「你不要只對我一個人演講嘛，為什麼不向其他人講，為什麼不設法改變呢？」

雍熙是在中國開鞋廠的臺商，這次休假結束回中國工廠上班途中，他寫下生平第一篇文章，不久後他返國，揭開荒野保護協會鄉土關懷的序幕，也走出荒野從事環境保護行動的第一步。

直到多年後，我在雍熙家聊天，惠慶找出一份陳舊的原稿，是雍熙當年傳真給他工廠的合夥人，說明他要請假留在臺灣保護花蓮，他不知道需要多久時間，若是合夥人不同意，就把他的股份賣掉，辭掉工作留在臺灣為家鄉努力！

這是一股多大的勇氣與決心！

都是因為愛的緣故啊！

真正的愛，可以激發出巨大的力量，而且這種力量是綿延不絕、永不止息的！

溫柔革命

三十年前在荒野保護協會成立籌備時，就發現環境運動最大的困境其實是「環境保護」成為普世價值之後。以前，關心環境的朋友不管是為哪一個議題或哪些理念努力時，總是透過各種數據資料、用各種方式來說服不同意見的人，期望這些人被我們說服時，情況就會有所不同，環境就會有所改善。

可是到了二十一世紀的今天，幾乎每個人都同意環境保護很重要，可是當你要說的一切他們都同意時，我們還能夠再說些什麼嗎？當我們不需要「說服」（也無從說服，因為他們全部同意你的說法）任何人時，環境還是持續快速惡化中，這就是我所說的環境運動的困境。這個困境已無法透過更多環境教育來解決，而是必須減少從「認知」到「行動」之間的落差。

一般所謂的革命，通常是以為自己掌握了真理，然後以強烈的態度指正別人，推到極致，甚至會以強大的壓力甚至暴力來達其所願。但溫柔的革命剛好相反，是從改變自己做起，透過尊重與包容，甚至留有空間來等待，讓周邊的人因親眼所見而改變。這種來自內心的感動，才是真正且持久的力量。

這些年重要的環境議題，甚至牽涉到我們的文明能不能永續的關鍵，是全球暖化導致的氣候變遷，以及因經濟全球化導致的貧窮問題與自然資源快速耗損。這些挑戰和早年環保團體所著力的保護某個森林、某條溪流或某個物種完全不同。過去我們對抗的是具體的單位，可以明確地找到策略方針。但今天我們面對的敵人不是別人，而是自己，我們的生活習慣、我們的價值觀等。

我們發現，當一個人變成願意付諸行動的志工，他的生活習慣、價值觀才會真正地改變，這也是荒野保護協會不斷發展志工組織的原因。

不過我知道很多人還是很悲觀，認為面前的挑戰似乎過於巨大，再加上我們發現竟然找不到罪魁禍首（原來我們習慣的方便生活與舒適享受，以及因全球競爭所帶來的低廉物價……居然是環境問題的癥結），許多人不免會沮喪地想：「我們個人微不足道的力量能產生什麼改變？」

的確，面對七十多億人口，複雜且龐大的全球經濟體系，我們每個人似乎是汪洋裡的一滴水，顯得如此渺小。

面對大海，每一滴水似乎是那麼微不足道，可是整個海洋不就是這些微不足道的水滴所集合起來的嗎？因此，每個水滴都有他的責任，每個水滴的貢獻都有他的意義存在。

個人的努力如同一滴水，但如何讓這一滴水永不乾涸？答案是流入大海中。也就是把我們個人的努力匯聚到一個可長久良善的組織。

這場根植於臺灣的溫柔革命，如果有更多人加入，就會形成改變人心、改變世界的溫柔力量。

跨界，讓環保成為最大公約數

有些伙伴曾問我：為什麼要參加許多與荒野看似不相關的會議或活動？他們知道我平日要工作看診以養家活口，再加上荒野原本就多得不得了的活動與各種義工訓練，若是連一些與荒野，甚至與自然保育或環境保護幾乎不相干的聚會都去，我的身體怎麼受得了？

真的很感謝這些伙伴們的關心與貼心，可是，大家或許無法感受到我內心裡的焦慮與隱憂，我這些年來深深體會到，臺灣環境保護最重要的關鍵是在環保團體之外啊！是在社會上百分之九十五以上、對環境不關心也沒有行動的人啊！

我好幾次親自聽到或由伙伴轉述官方、開發業者或利益團體的人說：「反正他們環保團體一定就是會反對的！」

一旦被認定是「一定會反對」，而且這些人只是「一小撮人」，那麼，我們這些環保團體自以為代表「社會良心」的訴求，在那些有決策權的人心中，已不占有關鍵分量，因為他們已根深柢固地認為——你們這一小群不食人間煙火的環保分子，反正我們怎麼做你們都會反對，何必理你們！敷衍敷衍就是了！

相對而言，若是其他社會各階層人士，一些他們意想不到的人也表達不同意他們的做法時，官方或業者就會重新思考：「咦？連他們也反對，那麼是不是社會大多數人都不贊成？」

這種意見的表達，愈是間接愈是有效。

若是直接表達，決策者會以為這些裹著不同外衣的只是環保分子的偽裝或被環保分子遊說、「脅迫」來表示立場。

所謂間接表達，就像行銷學所談的「夏娃效應」，影響我們做出判斷與選擇的，往往是一些細微且不經意的事件，比如，決策者周邊朋友的閒聊，或者所謂「枕邊細語」，那種一言半句的評論反而勝過洋洋灑灑數十點理由的環保團體說帖。

當我有了這種體認後，只有勉強自己把握機會，接觸與環保團體完全不相干的人，與他們做朋友（至少讓他們願意看你寫的東西，收你的 E-mail），然後盼望他們在各自的生活圈中發揮「夏娃效應」。

要一個人看你寫的文章並不容易，若是見過面、聊過幾句話、打過招呼，就比較有可能維持在「網路上聯繫」的朋友。

以上就是我為什麼這兩年會比較勤快與人交換名片，以及演講後盡量想辦法留下聽眾 E-mail 的原因。

以前寫過一篇文章談論「跨界」（後文附上），其實環保問題真的是二十一世紀全人類必須面對的最大課題，環境保護應該是民眾關心許多不同社會議題中的「最大公約數」。

不過，這個想法若只是我們寫寫文章，或者自家人講給自家人聽，其實還是沒有人會理你，很無奈的，我們必須跨出門，先當別人的朋友，願意傾聽別人，別人才會開始聽你在說什麼。

很辛苦，但我不知道還有其他什麼捷徑可走？

從跨界、角色扮演，期待文藝復興人的再現

在臺北西區扶輪社慶祝五十週年的系列活動中，我應邀講了一場有關兒童自然教育的題目，臺灣廣播電臺也知道這個活動訊息，鑑於會場的現場錄音效果不好，隔天又找我進行了專訪。

或許是慣例吧，主持人必須向觀眾介紹荒野，介紹我個人的背景，她問的第一個問題：「你身兼這麼多不同身分，在角色轉換與扮演上有什麼感想？」

其實，每個人原本就有多種不同身分。

工作職場上，我們可能是別人的屬下同時又是別人的上司；在家裡我們既是孩子的父母親，同時也是父母親的孩子；在社團中是伙伴，在宗教團體中是兄弟姊妹，是同修，當然，我們也是城市的市民或國家的國民。

每個角色中，我們通常很自然地轉換。

我知道主持人好奇的是一個牙醫師怎麼會投入環保運動，也好奇我如何在忙碌的職場工作與義工生涯中調配時間。

其實每個場域的轉換，就是心情上的休息。

相對於看診，參加活動就是休息；相對於到處奔波、開會、演講之餘，能坐下來專注地看診，也算是休息。人活著就是要呼吸，不是在這裡呼吸，就是在那裡呼吸，因此，不管是躺在床上、看書、參加活動或看診，對我而言，都是一樣的，沒有一定什麼是休息或工作，沒有哪一樣比另一樣來得輕鬆或勞累。

不過，我倒是從「角色扮演」這四個字，想到曾經邀請音樂大師李泰祥先生到荒野跨年音樂會的跨界演出。每個專業為了保護自己的權威性（講白了是鞏固既得利益），設下種種專業證照或者行規，防止越界的人（不管是越界而入或越界而出）。

在學術界或愈是專門的職業，情況愈是嚴重。

你在本行表現得再好，只要敢跨界，在其他社會領域獲得大眾矚目，原本專業領域的人一定會攻擊排擠，以「不務正業」及種種莫須有來貶抑你原本的專業成就。

因此，有些學術界象牙塔裡的人愈加封閉，令人因搞不清楚而仰之彌高（有人說，專家就是把一件簡單的事用一大堆玄之又玄的專有名詞搞得很複雜）。據學術界的前輩說，若你剛拿到博士，或者當上教授沒有多少年，千萬不要寫「科普」文章與書籍，因為萬一寫出名了，就從此斷了在學術官僚體系裡爬升的機會。

這種情況自古以來就是如此吧？

白居易寫了〈長恨歌〉之後，大家就只會說「他是寫〈長恨歌〉的白居易」，從此一個豐富多采的白居易，就成了有限的白居易，據說這是他心頭永遠的痛。

或許貼標籤、歸類與簡化，原本就是人類思考與記憶的習慣吧？

不過，我還是很羨慕文藝復興時代或春秋戰國先秦百家爭鳴那種對知識的好奇與追求，不畫地自限的嘗試與學習。

這種源自於內心的探索，讓一個人可以成為完整的人，他們可以是數學家、音樂家，也是哲學家，當然也可能是建築師，他們可以俯視觀察鳥獸蟲魚的活動，又會抬頭仰望日月星辰的變化；他們可以埋首於曲譜的創作，又可以搭起鷹架蓋教堂。

我喜歡「跨界演出」，不管是在劇場舞臺還是人生舞臺上。

我是個「東張西望，夢想顛倒」的人，總覺得人不該自我設限，在這個豐富多采、變化萬千的世界裡，若能以開放的心來面對，不但自己會快樂些，甚至是未來面對競爭的重要條件呢！連二千多年前的孔子不都說了：「毋意，毋必，毋固，毋我。」（不主觀臆斷，不絕對肯定，不固執己見，不唯我獨尊）。

自工業文明興起之後，不只職業上專科分工，連藝術人文也在流派定位之下（在我看來是既得利益者保護自己的權益罷了），人人似乎只得謹守行規，每個既成的專業成為不可逾越的陣地，人人心懷警戒地固守領域，既怕有人會越界而入，又怕有人越界而出。

只有勇於跨界的人才能帶來全新的思想與全新的進步。敢於向外拓展其他領域的人，當他們回過頭看自己的本行，往往會產生不同的視野和見解。因此，一個跨界的演出，它也許什麼都不是，但這種模糊卻是創造未來可能的源頭。

英文字詞 Renaisance man（文藝復興人）指的就是能詩能歌、允文允武、理性與感性兼備的多才多藝讀書人。同時，這個字詞也包含著一種對世界充滿全新冒險性的期待與想像。

現代的文藝復興人在哪裡？

現代人或許接受資訊的機會與數量增多了，但知識瑣碎化之後，求知變成了功利性的工具與手段，那種對生命探索的熱情與恢弘氣度，似乎已不多見。

荒野是個充滿生命力與想像的空間。在荒野中，我期待「文藝復興人」的再現。

思議那不可思議的

——回顧荒野成立階段關於塑造文化與制度的思考歷程

一、草創期的祕書處

荒野保護協會一九九五年六月二十五日在臺北幼獅文藝中心舉行成立大會，當天有近四百位會員出席並依籌備處建議的名單勾選出第一屆理監事，成立大會結束後立刻召開第一次理監事會議，選出常務理監事與理事長。

原先沒有想太多，我擬定的建議名單就依會員編號的序號，我排序二號，順利當選為常務理事。但很快因來往正式公文書的需求而發現理監事有法定職權，祕書長也有既定的職權，成立之初沒有找到適當的祕書長人選（籌備期的所有行政事務都是在我的診所由我和老婆大人及診所助理處理），於是隔沒多久特別召開了第二次理監事會議，會中辭掉常務理事轉而擔任祕書長。

因是不拿薪水的祕書長，扮演身兼志工與行政專職的雙重角色，在荒野組織初期制度或文化的建立階段，對於志工與專職伙伴之間，互動與協調的順暢有很關鍵的好處。

荒野祕書處伙伴至今大致如同當年一樣，身兼志工與專職的角色，因為專職，所以必須把分內的行政支援周密地完成，又因同時是志工，下班後及假日往往都貢獻給荒野。

二、一個小小的心願

一九九四年四月初，成立荒野的想法在思源埡口廢棄軍營裡萌芽，一年多的籌備期間進行了數十次會議，勘察及自我學習過程中，不斷地問自己：「已有那麼多環保團體的臺灣，已有那麼多老前輩前仆後繼的努力中，為什麼要再增加一個新的團體？我們努力付出的心力對臺灣有何特殊意義？」

當時，我很清楚地認知這點，既然發願不為名、不為利、無私地奉獻（放棄生命中其他選擇與可能性），我們希望荒野將是屬於全民的。

1. 每個民眾不管在什麼行業、什麼身分、時間多少都可以貢獻。

2. 每個民眾都自覺有義務參與的、社會的集體意識。

當初決定投入我所有的業餘時間與資源籌組荒野時，就許下一個「小小」的心願——只要你願意，不管身分、興趣、能力、時間，每個人都可以找到舞臺為臺灣貢獻一份力量。

後來我發現，這個小小的承諾要達成非常困難，因為要讓許多不同屬性的人，能依興趣、能力、時間，都有一些行動上的付出，是非常不容易的。不過我們總是盡力而為。

為什麼我那麼在乎要想辦法讓更多人能當志工，讓最大多數的人能為環境付出實際的行動？

因為我知道在環保已成為普世價值的時代，已經不需要再和早已認同你的人灌輸觀念（政府與所有商業團體都在做環境教育的時代，不差荒野這個團體），豐富的知識不見得能使人改變，但當一個人願意挺身而出當志工時，就會真正的改變，不只改變他的價值觀，也能改變他的生活習慣。

三、建構值得信賴的百年組織

從荒野成立開始，我就很清楚地認知到，臺灣需要一個可長可久的環保團體，這個讓人信賴且足以維繫百年的組織，必須善加利用制度與文化的協助，這是帶領團隊飛翔的兩翼。

在制度方面，除了堅持財務的極端理想與潔癖之外，決策機制的公開透明及決策權核心採共識決，在文化方面更是以「荒野遊俠」、「溫柔革命」、「荒野是善於等待的」、「荒野大家庭」等來塑造獨特的荒野文化。

舉個例子來說，我們知道生態保育是個漫長而沒有終點的工作，環境的守護必須一代又一代不間斷地接續努力，以家庭的概念來推動是最理想的，帶著父母親與孩子來參加，是縱向的家庭關係，而願意行動的每個荒野人則同屬一個荒野大家庭，這是地球生命共同體的橫向關係。

當初祕書處透過行政資源與努力，用實際的活動來建構這個抽象的觀念。辦理第二年會員大會時，由蘊慧（我的老婆大人）擔任志工召集人，徵召了幾十個荒野家庭開放家裡，接待二百多位來自全國各地到臺北參加年會的伙伴在自家住宿。

四、荒野文化的建構

幾乎所有的團體一成立，就會開始構思制度與擬訂規範，制度最大的好處就是明確又有效率，容易複製，有了制度對組織不斷地成長擴展是非常方便的，但這個世界變化愈來愈快、愈來愈複雜，有許多突發狀況，制度不可能規範到所有細節，這時候該如何反應與處理？若以防弊角度來看，制度規範得再嚴謹，還是會有漏洞，最後一大堆煩人的規定，卡死了許多創意，更累死了許多循規蹈矩的人。除此之外，對於組織領導人來說，尤其是非營利組織這類公益團體而言，制度最大的致命傷害是，你依法可以制定組織的制度，但另一批新的幹部也可以依法改變原先的制度，另訂一套。

講個極端的情況，當一群伙伴辛苦創立一個團隊，努力了許多年，打下一片江山，當他們卸任之後，新的領導幹部可以合法地變更所有目標，甚至組織宗旨，讓創辦人的原始初衷完全不見。這是制度最大的缺點，制度是人訂的，所以也容易因人變更。

這時就必須以組織文化來輔助了，文化很抽象，但是的確存在。我們會說這是猶太人，因為做事方法就像猶太人；我們也會說這感覺就像日本的風格，的確，日本有日本的文化，猶太有猶太的文化，臺灣也有臺灣的文化，但又沒有人敢權威地說，究竟什麼算是臺灣文化。因為不明確，所以沒有人可以去變更。

我當祕書長時，荒野所有對內或對外的印刷品，一定是從我診所的電腦製作完稿，組織領導人與其他成員最大的差別就在於有論述權，可以主持會議，發行刊物，聯絡成員，必須利用這些可以發表意見的機會，不斷述說團體伙伴之間發生的真實故事，這些一再被述說與轉述的故事就會形成典範，當組織內的所有成員都認可這個典範背後涵義的價值與選擇時，那麼屬於團隊的文化就形成了。

荒野成立那幾年網路還沒有盛行，電子信箱也沒有很普及，所有理念傳遞與溝通媒介只能透過刊物，因此那時就用最簡約的方式出《荒野快報》，而且二個星期就出一期，目的就是不斷地講真實發生的故事。到了第二任祕書長的後期，各志工群組開始有了電子信箱群組，我就開始「信騷擾」大家，以分類分級方式，每天

（核心幹部）或每週（一般會員）寄送電子信給大家，目的還是為了說故事。

五、荒野遊俠以荒野之名

這些年若有機會向荒野新志工伙伴演講時，會觀察一下這些新幹部是否仍維持著荒野的精神。每個發下心願的人當然可以做到很多事，但就長期而言，只有組織才能對社會有最深遠的貢獻，因為人都會死亡，再出名的人有再大影響力，各領風騷數十年也會成為過去（甚至對公益事情努力數年或數十年後，會因個人生涯規劃或家庭因素、工作健康因素等而轉趨引退），那些如偶像般的貢獻若沒有回歸到一個團體，隨著個人引退或過世，所有累積的「社會貢獻度」都隨之消逝，其實是很可惜的。

世界各國有影響力的非營利機構，沒有一個不是累積數十年來眾多前輩們的努力，才會成為現今對社會持續的影響力，絕不只是現階段在世的這一批義工所獨力成就的結果。

因此，肯定每個人的努力之際，也得把功勞和信譽回歸到荒野。記得三十多年前擔任社區童軍團團長時，曾簽了一份服務員諾言，其中有段話深刻地影響我：

「我永遠願意忠誠地、勇敢地為童軍運動（可代入「荒野」）做人，加強公眾的信心，鞏固童軍運動的榮譽，愛護一切愛護童軍運動的人，無論地位高低，權力大小、財富有無，盡心竭力爭取童軍運動的每一點滴和整體健全，使他的一切凡是經過我手的，都更切實、更周密、更繁榮、更崇高。」這個信念也是所有荒野人的信念。

祕書長任內，曾在《荒野快報》裡，以「荒野遊俠」這個名詞來具體呈現荒野人的素質，當時回顧荒野二十五週年，就以當年寫的六大特徵送給所有荒野伙伴，一方面是期許不忘初衷，另一方面也是共勉之。

1. 荒野遊俠是熱愛大自然的。因為熱愛進而會關心大自然、保護大自然。
2. 荒野遊俠是快樂且自由自在的。我們快樂地、樂觀地、溫和地、堅定地、面對漫漫的保育之路。
3. 荒野遊俠始終為了公眾的權益而努力。所謂路見不平、拔刀相助，遊俠是為崇高理想在流浪。
4. 荒野遊俠是不重名利的。遊俠是完成任務後就飄然隱去，不居功、不受酬是遊俠的天性。

5. 荒野遊俠機動性高且重效益。我們經常以最少的資源做最多的事，充分實踐游擊戰的特質，因此我們不重門面與排場。

6. 荒野遊俠是勇於開創、樹立典範的。遊俠不拘泥於繁瑣制度，以充分彈性來開創各種可能性。

世界太新，很多東西還沒有名字

一八九九年，美國專利局局長查爾斯．杜埃爾（Charles H. Duell）曾向威廉．麥金利（William McKinley）總統建議：「能夠發明的東西都已經發明了，所以專利局可以裁撤掉了！」

數百年來，雖然認為「太陽底下沒有新鮮事」的人層出不窮，但時代的巨輪不斷往前，我們的生活方式、價值觀也一直隨著周遭的物質世界而改變。

甚至可以說，每天起床面對的都是一個新的世界。加布列．賈西亞．馬奎斯（Gabriel García Márquez）《百年孤寂》寫著：「世界太新，很多東西還沒有名字，必須用手去指。」沒錯，我們充滿好奇，滿懷謙虛地去辨識這個新世界。

最近幾年行有餘力，我總是盡量抽出時間與同在NGO這條路上前行的伙伴分享我個人的一些觀察與心得，或許是因為從事醫療工作的關係，多年來一直用生物演化的模式來看待NGO組織的發展。

著名的演化學家史蒂芬．古爾德（Stephen Gould）曾以「演化樹」的概念來描繪生物的演化歷程，從前的生物學者通常習慣用階梯狀的演化圖示。但古爾德認為生物的演化是隨機分枝分岔的，因此經常會發生走上歧路發展不下去而滅絕的情況。我們也可以說，自然的生命演進從來不是單純的、完美的、有秩序的，反而是充滿了許多嘗試與失敗、複雜與艱辛。古爾德這麼形容：「生命真是充滿了想像力和真真實實的壯麗！」

很可惜的是，文明的人類習慣於將一切東西分類，將過去與未來都秩序化，甚至思考的開展也傾向於合理化與邏輯化，或許這就是我們認識這個世界的方法與起點吧？

回到NPO非營利組織的發展來說，我看到太多朋友花費太多時間在擬定宗旨、訂定規範，在還沒有做出任何實質貢獻或實際行動之前，已在文書作業或字句斟酌上耗盡了全部的熱情與心力。

我常以「演化」來形容荒野義工群組的發展，就是希望荒野可以不斷創新演進，可以不斷保持有最多發展的機會。

實際做法上，我們採取「合議制」，讓新伙伴的意見可以被同等重視，即便行之有年的「慣例」也可以在新伙伴的參與下重新被討論，讓符合時代演進的可能性得以出現。

組織文化上，我們支持鼓勵所有的創新，並以「圈護荒野這個神聖空間」為最高價值，讓任何人的創意都可以嘗試而不被別人干擾。三十年前荒野成立前，我曾許下的一個心願：「只要任何人想為臺灣、為環境做一點事，不管他年齡大小、財富有無、興趣能力專長是什麼，我們都願意盡量提供舞臺供其發揮！」

或許，這就是荒野不斷成長，不斷隨著時代演化的原因吧。

在荒野人眼裡，荒野永遠是令人感到新奇的新世界，在這裡有很多東西還沒有名字，當你用手去指之後，可以為它命名，在演化樹的分枝分岔處，或許可以走出令人動容的璀璨未來！

社會進步發展的生長點

在全球競爭下，世界上每個人都更忙碌，工作壓力更大。營利機構已不容易存活，非營利機構的發展更形困難。

如何不斷因應時代，找到新的利基與定位，如何不斷拉高視野，創造新的典範，應該是大家隨時念茲在茲的。

所謂「策略轉折點」來自企管界的用語，指企業在體察環　變動之前，該做好準備，轉變組織的營運重心。

向歷史或大自然學習得知在舊時代中適應最好（最成功的優勢物種）、最強勢的領先企業，環境一旦發生改變，往往是調整速度最慢者，因此也最容易沒落消失！

簡單講，過去讓你成功的因素可能會成為面對新環境時最大的絆腳石。

我常覺得只思考現在是不夠的，因為現在只能反應過去，然而過去的經驗並不足以應付變化快速的未來。

也常覺得過度夢想也許不是好事，可是臺灣現在已擔負不起太過現實的做法，我們的眼光要放遠，看五年、十年、二十年，甚至一百年以後。

觀念說來簡單，但要真正深植於心，並進而改變行為、改變生活習慣，卻非常困難。這種社會改革需要政府、企業、學校、民間團體共同努力，並各自扮演不可或缺的角色。

民間團體可以補充政府職能不足之處，民間團體代表社會的自我組織，它可以強化公民意識與公民文化，這種公民參與的實踐精神正是未來社會得以健全發展的重要基礎。

或許會有人覺得民間團體的力量薄弱，遠比不上政府有強大的公權力與資源，也比不上企業以商業機制產生跨國的影響，但我卻認為社會真正的進步不是來自於大計畫或偉大的論述，而是來自於民眾身體力行，一點一滴具體的改變。這種小小的耕耘與行動，成果反而會確確實實地落在地下，生根發芽，並由小而匯聚成林。

同時，民眾在行動的過程中，會逐漸改變自己的觀念、自己的生活方式，也會影響到身邊的親朋好友，以及自己的家庭與孩子，也就是後代的臺灣人。

社會的蛻變成長過程就像大樹生長一樣，真正的生長點都在樹枝頂端那個小小的區域，通常微小得毫不起眼，可是卻活力十足，變化萬千。

民間團體應以社會的生長點來自我期許。

關切是問，或關切是不問

瓊虹曾寫過一首令人印象深刻的小詩，名字叫〈記得〉：

關切是問，
而有時關切是不問。
倘若一無消息，
如沉船後，
靜靜的海面，其實
也是靜靜的
記得。

這首詩可以是思念分手的情人，更可以是世間一切我們曾付出過情感的事物，或許曾經相濡以沫，雖然如今相忘於江湖，但那個「忘」了的經歷，仍如沉船般，靜靜地躺在我們意識的深處。

記憶很奇妙，有些我們想忘掉的事，卻不斷前來糾纏著我們；有些很想記住的事，卻偏偏一點印象也沒有。

更多時候，當年以為重要得不得了的生命里程碑，現在回顧卻雲淡風輕、了無痕跡；反而是一些偶然碰觸的吉光片羽，鮮明得宛如昨天才發生。

我同意國學大師錢穆先生所說的，忘不了的人和事才是真生命。

或許，正如靈修大師奧修的比喻，學劍要花二十年學到出神入化，然後再花二十年把它忘掉，於是四十年後，忘記的那些東西會變成身體的一部分。那時候，你就能夠達到無敵的境界。

我們腦海中有多少這些忘不了的人和事呢？

只有我們用過心、流過血、流過汗傾全力付出過的事物，才會印象深刻吧？

之所以想起瓊虹這首詩，一方面是年齡漸長，偶爾遇到多年不見的老朋友時，總會想起更多過往的朋友，另一方面是有位腦海中沒有印象的伙伴，在往生前的遺囑中，捐了一百五十萬元給荒野保護協會。承受這麼大的信任與託付，感動之餘也與伙伴們期勉要更加努力。

多年來出了不少書，這些印製品耗費了許多自然資源，因此，總會提醒自己，當有一棵樹為我而倒下，就要以守護一片森林做為回報。

因為那筆捐款，我寫了一篇〈看不見，依舊在〉期勉每位有心守護我們環境的荒野伙伴。

看不見，依舊在

有一年十月中旬，臉書有一則劉月梅理事長捎來的私訊告知兩個好消息，一是荒野保護協會再度獲得綠獎的贊助，另一是有位會員捐贈荒野一百五十萬元遺產。

因看診忙碌，加上過幾天參加荒野共識營就可以見到月梅，因此沒有立刻追問細節。不料當天晚上接到副理事長柯典一來電詢問：「認不認識王某某這位荒野會員？」

想了一下，對這個名字沒有什麼印象。協會帳戶忽然多了一筆一百五十萬的個人捐款，於是打電話詢問匯款人，才知道是這位伙伴的家人遵照她的遺願，將部分遺產捐贈給荒野。協會當然想知道這位伙伴和荒野的淵源，但她的家人只知道她曾分享聽過我演講後的感想，其餘一問三不知。

協會在資料庫中翻查她的資料，只知她是早年入會的永久會員，二十多年來只參加過一次活動，沒擔任過志工，也沒參加過任何荒野辦的課程，應該算是不活躍或失聯會員。

掛斷電話，心裡很感動，腦海中浮現多年前曾寫過的一篇文章〈看不見，依舊在〉。這篇文章是一九九九年九二一大地震之後，給荒野伙伴募款信時所寫，以下摘錄文章片段：

親愛的朋友，也許我們很久沒有見面，也許我們剛剛才掛掉電話，也許我們在協會人來人往的各組志工聚會中擦肩而過，也許在山上、在海邊，咱們都曾戴著綠色領巾分別向民眾分享過我們對這塊土地的熱愛……每當想起有這麼多相知相惜、把盞言歡、同辛共苦、一同興奮歡笑的朋友，心裡總會充滿溫暖。「看不見，依舊在」，散居全國甚至全世界的荒野伙伴，只要我們常常想到彼此，只要彼此仍為理想而努力，我知道，我們一直是在一起的。

長久以來，我一直在思索，臺灣有沒有機會能擁有一個全民性環境保育團體？

符合「全民性」必須有三個條件：一、會員人數很多（完全自發性的），二、很多人願意長期捐款（會費及義賣品），三、很多人在這個團體能長期付出實際的行動。

我心裡的理想，荒野是個用大量人力的義務奉獻來做事，而不是用大量金錢來做事的團體，而且荒野的經費希望是來自最大多數的民眾。

四年多來，荒野總是盡量以最少的錢做最多的事。但是，以前都僅止於理念推廣、帶領民眾接近自然及各種義工培訓，這些都可以靠志工來達成（不用花成本）。可是接下來必須透過立法、透過政治遊說，以及立法遊說基礎的學術理論支持，還有兒童自然教育的人才培訓及推展……很多領域必須以更多專職人力及更多經費來支應。

我個人還是非常盼望所有的行政支出（包括人事及房租）以會費或義賣品的收入就能負擔，只有在我們賴以生存的財務是來自全民，是獨立而不受利益團體影響時，才可以大聲地說：我們是屬於全民的團體。

十月底參加荒野第九屆新任理監事及分會長的幹部共識營，我再度和伙伴們強調，二十多年來，荒野之所以堅持財務透明，以近乎潔癖的收支方法，就是希望我們是個值得信賴與託付的團體。

荒野目前在全臺灣各地 on schedule 的志工至少有三、四千位，每個志工除了奉獻時間與心力之外，也必須自掏腰包，因為荒野的志工沒有任何車馬費補貼，也沒有誤餐費等支出；三十年來，荒野的任何一筆收入與支出都有收據與憑證，都經會計師簽證，財務程序這麼龜毛，就是我們不敢辜負捐款者的心意。

常想起《紅色牧人的綠色旅程》作者霍華・李曼（Howard F. Lyman）所寫：「我們是否已盡力為後代子孫做了一切能做的事？世界上的樹木是否比我們出生前還多？空氣是否更新鮮？水源是否更潔淨？人們是否過著更長久、更健康的生活？饑荒是否更少？這個世界是否是個更和平的地方？」

辛苦地工作賺錢無非是希望我們及孩子有更好的生活，可是當我們不擇手段賺錢，是否得到完全適得其反的結果？為了金錢殘害環境，禍延子孫？即便留下一點資產，卻只讓孩子上醫院治病。

到底什麼是我們可以留給下一代最好的禮物？

或許，除了擔任環保團體的志工之外，當我們百年之後，把這一生從世界上獲取的金錢回饋給守護環境的環保團體，讓孩子有更適合生長的環境，是我們可以留給下一代最好的禮物。

子曰子曰：與孔子一樣的理想

讀中學時，有個學科叫做「中國文化基本教材」，課程內容就是以《論語》、《孟子》為主，當時為了考試，囫圇吞棗且心不甘情不願地背誦，再加上一大堆宋明理學家的註解，搞得七葷八素，覺得這幾個古人真囉嗦，話這麼多。

可是隨著年紀愈大，在生活上、工作上遇到的事情多了，偶爾有些微體會時，當年死背強記的「子曰子曰」就跳出來，讓自己豁然開朗，覺得孔子可以用這麼簡單清楚的話，把道理說得那麼明白，真的是非常厲害啊！

《論語》中我最喜歡的一段是有次孔子與子路、曾點、冉有、公西華四個學生閒坐聊天，孔子問他們的志向，子路、冉求都懷抱救國救民的政治理想，公西華對法律制度的規劃有抱負，只有曾點不講話，在旁邊悠哉地彈著樂器，在孔子追問之下，他才不好意思地說：「暮春者，春服既成，冠者五、六人，童子六、七人，浴乎沂，風乎舞雩，詠而歸。」

這個心願其實非常渺小，孔子卻大聲地感嘆說：「我的希望與你一樣！」曾點的心願翻成白話是：當春天來了，換下厚重的冬衣穿上輕便舒適的衣服，和同伴五、六人，帶著十來歲的孩子六、七人，到溪水裡去游泳，上岸後跳跳舞，讓風吹乾身體衣服，然後唱著歌回家。

很多人都非常訝異，孔子一輩子如喪家之犬，汲汲皇皇遊走列國，整天講得口乾舌燥，忙碌一輩子，其實他真正的理想就是這麼簡單！

孔子的心願正是當年與許多朋友一起成立荒野保護協會的最主要動機，希望大人與孩子都能在天籟下起舞，讓我們能在荒野中探知自然的奧妙，領悟生命的意義；讓孩子可以在自然中培養豐富的想像力與創造力。我們祈求上蒼把失去的還給我們——還給我們清澈的溪流，還給我們在門口榕樹下乘涼的環境，還給我們與自然悠閒相處的心情。

當然，我們不只是坐著祈禱而已，荒野裡數以千計的志工都像孔子一樣為了這個簡單的心願，努力奔走，無私地奉獻。

從祕徑到祕密花園
——走讀臺灣活動有感

趕在小學開學前後的假日參與文化部所屬彰化生活美學館舉辦的「走讀臺灣」活動。這次是與彰化地區荒野伙伴一起帶領數十個家庭，以親子共同參與的方式為主，走讀彰化的挑水古道，上午導覽古道，下午在古道終點、彰化地區「最高」學府——文德國小，孩子們在解說員帶領之下繪製綠色生活地圖，大人在另一間教室，由我和他們漫談這二十多年行走在臺灣山海河間的一些感想與心得。

多年來，文化部都在四月二十三日世界閱讀日（英國大文豪莎士比亞的生日）時，舉辦許多有關閱讀的活動，二〇一七年起，從原本只以書為主角，拓展到「走讀」，以邊走邊讀的方式深度認識臺灣，除了推薦閱讀書單之外，也會邀請作者擔任帶隊的導讀人。

因文化部選了我寫的好幾本書，已經多年沒有在第一線帶活動的我，重出江湖帶自然解說，而且從北到南，在疫情趨緩的暑假帶了許多場。

這二十多年來，荒野保護協會培訓了上千個解說志工，在臺灣各個角落帶領民眾接近自然，而荒野親子團也長期陪伴三千多個家庭，大人帶著孩子在天籟下起舞。

荒野為什麼那麼重視兒童自然教育？

因為生物有「銘印現象」。

銘印現象是指生物在成長的不同階段會對不同的事物，學習辨識有關鍵性的影響。當然，人是萬物之靈，人的大腦具有相當大的可塑性，因此我們不講關鍵期，而用敏感期來稱呼，也就是學習某些事物在某些時候比較有效，過了這個特定期間，效果就會比較差。

心理學與腦神經科學研究證實，人類情緒發展（個性）的關鍵期，大概就在小學五、六年級之前。許多動物都有銘印現象，比如加拿大野雁，在破殼出生那一段短短的期間，會對牠發出鳴聲有所回應的聲音以及第一個出現在牠面前的影像相連結，將它銘印為媽媽，不管出現的是狗、是人，但是過了這一段時間，牠真的媽媽出現時，牠也不認得了，這種在特定時間對特定事物有所感應或學習的現象，就稱為銘印現象。

孩子在成長中，會有一段對自然環境特別敏感的銘印期，就是一個人「故鄉」情感的來源，這時期和土地環境的接觸，就像個人生命的根紮在土地上，形成一生認同的故鄉，一生情感依戀之處，也會是個人生命意義與自然生命相連結的機會。

人的童年期對土地、對萬物生命、對故鄉情感的形成特別敏感。孩子的感動和大人不太一樣，我們樂觀地相信，孩子的感動會留在夢中，生根發芽，終究會長成大樹。

這次文化部的走讀臺灣系列活動，為了吸引民眾參加，定義為「發現臺灣新祕徑」，亦即跳脫大家已耳熟能詳的著名觀光景點。

從成立荒野保護協會至今，我們一貫主張不必帶孩子到著名的風景名勝去人擠人，不管什麼地方，只要懂得欣賞，只要心情對了，就會有很棒的體驗，反而許多知名的地方總是加入了太多人工設施，太多刻意塑造出來供你拍一張「到此一遊」的相片，因此，就算原本天生麗質，也變成塗抹太多胭脂的酒國名伶，徒增了庸俗。

而且臺灣地形多山、多溪流，幾乎任何住家附近三十分鐘路程之內，都可以找到一個富含自然元素的「祕密花園」，最好能常常陪著孩子在住家附近的小公園中玩耍、散步，體察自然四季的變化。

荒野保護協會的各種義工訓練中，不管大人或小孩，我們長期推動「尋找祕密花園」的作業。

什麼是「祕密花園」？

我們要小朋友尋找一個屬於自己的祕密花園，並定期去觀察與記錄，即便一個乍看之下平淡無奇的自然環境，只要經過長期的觀察，就會發現豐富而有趣的變化。這個地方，不管是出太陽去，下雨也去；白天去，晚上也去，高興的時候去，悲傷的時候也去，因為去的次數多，觀察久了，就會與這裡的萬物生命產生感情，這種與土地親密的感情來源，在孩子的生命歷程裡，將會扮演很重要的角色。

這種固定地點的自然觀察我們稱為「尋找自己的祕密花園」，我們不但能了解園中的一草一木，體驗各季節的不同景色，更能進一步發現大自然之無窮無盡的新奇與奧妙。

祕密花園絕對不只是一個景點，它是一年四季呈現不同面貌的不同場域，是不同心情、不同時空中的不同花園，當你的記憶一個一個疊上去，這裡溶入了你私密的情緒，迴盪著你與伙伴們的音容面貌，許多的笑聲與淚水，都將使得此處不再只是一個普通地方。

這個時候，它就在你心中，當你累了、倦了，有需要的時候，隨時可以召喚它。甚至，在無形中，我們的內心會因為它而產生一些變化。

這種情境就像美國西南部有個最大的印第安人保留區，當地原住民納瓦荷人稱這片土地為「四角之地」，由他們神話中的四座聖山圍繞而成。納瓦荷的巫醫曾經這麼說：「記住你眼前所見，把目光停在一處，記住它的樣子。在下雪時觀察它，在青草初長時觀察它，在下雨時觀察它。你得去感覺它，記住它的氣味，來回走動探索山岩的觸感。如此一來，這地方便永遠伴隨你。當你遠走他鄉，你可以呼喚它，當你需要它時，它就在那兒，在你心中。」

大自然提供了多元而豐富的寶藏，我們在其間自在地探索悠遊，對不同的生命產生好奇與驚異，進而在真實的接觸與體驗中有了領悟，這對於身心靈整體的發展是非常重要而不可或缺的過程。

我夢想每一個在臺灣長大的孩子都有機會感受到臺灣大自然的美好，讓大自然裡的豐富能在往後孩子的成長過程中，成為滋養的來源。

我希望每個孩子都能在大人的陪伴下悠遊於大自然中，和這塊土地產生感情，那麼住的地方才會變成魂牽夢縈的故鄉，當一個人內心有了故鄉，就像風箏飛得再高、再遠，那種依戀就像是一根線緊繫於故鄉的大地上，心靈才得以依託。

到五股溼地與家燕共舞

二〇一八年七月下旬，荒野的賞燕季剛開始的假日午後，我與星展銀行同仁來到五股溼地進行一場「工作假期」。

工作之前，荒野親子團的「小鷹」們分站為他們介紹五股溼地的生態環境與導覽，期間還有「小蜂」們表演招潮蟹怎麼吃東西*。參加活動的大人們看到這些孩子的解說與表演都很感動，畢竟常說環境教育與永續發展，不就是希望一代接著一代守護我們生長的家園，而由年輕孩子挺身而出，更能提醒大人們，愛孩子最重要的是不要在短視近利下把他們賴以生存的自然環境給毀了。

小志工解說結束之後就是他們的工作時間。五股溼地位在淡水河出臺北盆地處，右邊是關渡，左邊就是五股，連接二重疏洪道。二十多年前，荒野保護協會就有一組志工以這個地方做為自然觀察點，五股溼地這個所謂「洪氾區」原本應該有八・七平方公里，因環境變遷和汙染，沼澤區縮小為不到二平方公里，二重疏洪道綠美化工程基本上以景觀規劃為主，沒有完整的溼地保育，倒是有許多人為的休閒娛樂措施，比如釣魚池、划船道、水泥運動鋪面……經過荒野保護協會和民間團體幾年的努力，新北市政府將疏洪道的四分之一重新規劃成溼地生態公園，並且在二〇〇四年底正式簽約，委託給荒野保護協會管理與認養，逐年進行園區的復育、保育、教育等工作。

為了讓這塊溼地能提供更多物種在此棲息，我們必須營造出多元的空間，並隨時監測與維護，因此一年四季需要許多志工，分別做不同的工作，這片廣達九十二公頃的溼地也是我們積極號召企業團體帶領員工來當志工的場域。

到了傍晚，結束工作，我們一行人來到溼地的蘆葦區，欣賞難得一見的燕群飛舞情景。

＊親子團分為小蟻、小蜂、小鹿及小鷹，小鷹是國中三年級至高中二年級階段的小志工，小蜂是小學階段的小志工。

家燕大部分是夏天從赤道附近的熱帶地區飛來的候鳥，每年三月中來到臺灣，四月開始繁殖下一代。因此每年春天可以看著牠們在屋簷下築巢、產卵、孵育幼雛，然後夏末初秋帶著孩子離去，隔年春天又準時回到原來的窩巢，因此有了朱自清所寫讓人低迴不已的名句：「燕子去了，有再來的時候；楊柳枯了，有再青的時候；桃花謝了，有再開的時候。但是，聰明的，你告訴我，我們的日子為什麼一去不復返呢？」

幾千年來，就這麼春去春又來，燕子始終陪伴、提醒著我們，可是絕大部分人卻沒看過究竟燕子爸媽如何帶著這些小燕子離去？又如何成雙成對地回到原來的燕巢？

十多年來，八月夏天的傍晚時分，燕子聚集在食物豐盛的蘆葦叢溼地裡，荒野保護協會的志工會帶領民眾到五股溼地，觀賞燕子群飛演練準備渡過太平洋回到赤道附近的島嶼過冬。數以萬計的家燕從都市屋簷下、四面八方飛到這個小小區域來晚點名，像是噴射機般飛翔的燕群在蘆葦叢上空迅速盤旋，升升降降，橫衝直撞，像是千軍萬馬般滿天飛舞，壯觀的場面令人嘆為觀止，嘖嘖稱奇。

天邊的雲彩襯著遠方高樓林立的都市剪影與身邊人工河道交錯中的溼地，一隻、兩隻帶著剪刀的小小飛鳥出現在眼前，當我們還沉醉在猶如夢幻花園的景色時，不一會兒，尖銳的鳥叫聲中似乎夾雜著「咻——咻——咻」的高速飛行聲，四周忽然充滿了數以萬計的小小黑色噴射機四處穿梭著，好幾次感覺到耳際甚至手臂有東西快速略過，令人好奇的是這麼多隻燕子在這麼小一個區域中快速飛翔盤旋，卻不會撞到彼此。

燕子的飛行技術非常高超，因為牠的尾毛長而分叉，使牠在高速飛行中能夠急速轉變方向，有方向舵的作用。而且這分叉的尾羽像把剪刀，男生正式穿著的西式燕尾服，大概就是模倣燕子的尾巴造型而來的吧！

到了秋天氣候變冷，昆蟲愈來愈少時，這些燕群就飛到赤道附近溫暖的地方過冬。陪著來自新加坡的星展銀行總經理阿川哥一邊看著燕群，一邊說我們現在看到的這些燕子帶著雛燕在這裡練習飛行，到了秋天搞不好就會飛到新加坡呢！國與國之間的界線是人為劃分的，對自然生命而言，整個地球都是所有物種共同生活與成長的空間。

阿川哥很有趣，反應也很敏銳，他注意到每個荒野志工介紹自己時，都會說：「我是鸞。」「我是松雀鷹。」每個荒野的志工，不管大人或小孩都會取一個大自然的生物當作自己的名字，而且在荒野裡都只用自然名互相稱呼，不會叫本名，於是他和負責這次活動的荒野臺北分會長晨薇說：「你叫海洋，我的自然名是現成的，叫河川、阿川！河川最後都會流入你的海洋！」

一路上阿川哥不斷把志工分享的生態保育原則和星展銀行的經營原則相連結與呼應，也對荒野志工們能長期持續地為環境而行動表達敬佩之意，他開玩笑地說：「以前新加坡同事到臺灣出差時，只知道去士林逛夜市，以後要讓他們到五股溼地當志工後才能去夜店喝酒。」

不管對任何企業來說，能帶領員工投入環境行動，尤其是深耕在地地守護自然棲地，這是企業追求永續發展最好的象徵與決心。

夕陽西下，當陽光隱沒在地平線時，成千上萬的燕群各自找好蘆葦，身輕如「燕」地站在蘆葦稈上休息過夜，我們在海風輕拂中踏上歸程，希望今天的活動能在這群平常穿西裝、套裝坐在冷氣房裡的金融從業人員心中，埋下一顆關愛自然的種子，然後，期待著它們將來生根、發芽、茁壯，然後長成一棵大樹。

讀〈翠山步道植調十年〉有感

向民眾宣導生態保育理念有個來自先天的困難，就是人的習慣性。

人類除了擁有傑出的大腦得以晉身為萬物之靈外，對環境的高度適應性也成為地球上散布最廣的物種。但正是這種對環境的適應性，可能讓人類陷入「溫水煮青蛙」的處境。

我們總以為「昨天還好，今天過得去，明天應該也可以」，卻不知現在的環境和以前比起來，已經「很不好」了，只是適應性讓我們早已忘了稍早以前的環境情況，而今天的「過得去」，也許只是「崩潰」前夕的臨界點。

但這樣的概念很難和一般民眾說明，假如我們沒有昨天之前的長期環境紀錄當作支持的證據，口說無憑，民眾會以為是「生態恐怖主義」又在喊狼來了，很難要他們採取行動，改變行為。

早在三十年前，荒野草創之初，當時常務理事陳揚文就提出「長期生態紀錄」的計畫，並認為比起政府公部門編列經費預算委託學校或學術界做的計畫，往往只能做一年、二年或三年，由荒野保護協會這樣的民間團體來做更有意義，畢竟長期是十年、二十年，而荒野有志工長期在臺灣各個自然場域做觀察、辦活動，「順便」做長期生態調查應是理所當然且責無旁貸的使命。

從我當理事長時努力推動這項計畫，後面幾任理事長也持續關心，但總是「屢敗屢戰」，很難在一個地方長期記錄超過十年。直到最近看到蘇大哥（樹大棵）（荒野第零期解說員）這篇刊在《悅讀荒野》的〈翠山步道植調十年〉（附在文後）。

蘇大哥在文章中提到為什麼「屢戰屢敗」的原因，也提到雖然一再放棄，卻「屢敗又屢戰」，不斷有人發心重啟調查的故事。

多年前我在《美國科學人》期刊看過一篇報告，有位住在英國鄉間的傳統士紳，每天都會在莊園附近散步，他有記日記的習慣，在四季分明的歐洲，他隨手把每年春天第一聲鳥鳴、各種花在春天開出的第一朵、候鳥飛來的日期、發現什麼昆蟲，隨手在日記裡寫下，維持數十年。他的後代子孫在他過世後整理遺物，發現這是一份最詳細的氣候變遷第一手資料。

物種調查最痛苦之處是短時間看不出有何價值，而記錄過程又很枯燥無趣，必須一年又一年持續下去，最後才能看到意義所在。

〈翠山步道植調十年〉 樹大棵

配合臺北荒野今年「週四見」的主軸——氣候變遷，溪山組將於下個月十七日（五）晚上七點，在總會的荒野廳辦一場植調十年的成果分享，主講人蔡志忠，綽號大頭，是我們的指導老師。

從協會的宗旨來看：「……將之（荒地）圈護，盡可能讓大自然經營自己，恢復生機。」好像與植調無關，其實不然。為了所謂的經濟發展，政府與商人用各種冠冕堂皇的理由一寸一寸地侵占荒地，身為荒野一分子的我們，應該要怎麼保護荒地呢？植調就是方法之一。

「真的嗎？植調是什麼呢？為什麼會有這個能力？」

我們的植調，簡單地說，是記錄植物隨著季節所發生的規律性現象，如萌芽、展葉、開花、結果等，這些現象簡稱「物候（生物的氣候）」。物候既然是規律性地發生，記錄個十年也就差不多了，是不是？

「什麼！十年還不夠，還要繼續多久？」回答這兩個問題前，容我話說從頭。

植調的重要性其實不言可喻，臺北分會以前不時地就有定點組想做植調，只是都做不久，溪山組也是其中之一。回想起來，當時用的方法是蠻枯燥的，以致於人力逐漸流失，甚至連召集人自己都索然無味。後來我對植調總是興趣缺缺，包括十年前啟動的「翠山步道」。

阿孝當理事長時，很看重棲地，建安是很有棲地保育想法的老伙伴，被找來當祕書長。我和建安很久沒見，和美惠姐找了一天去找他聊聊。那天，他分享了一個故事，有點打動我們。但真正打動的，還不是這個故事。不過，我先簡單說一下故事的重點：

「百年前的英國某處，有一群人自動自發地記錄蝴蝶物候，而且年年有人接手負責，沒有間斷。當時的生態觀念還很薄弱，他們只是很簡單、很粗淺地記錄，沒想過這些紀錄會有什麼用。後來隨著經濟的發展，棲地不斷地被開發，以致於蝴蝶的數量、種類都急劇下降，這些人才猛然發覺，土地的不當破壞對蝴蝶族群竟然有這麼大的影響。」

從這個故事中，我們就很清楚如果沒有這種紀錄，幾乎無法告訴政府和商人，環境破壞所造成的影響是什麼，更別談「說服」他們放棄這些開發案了。

這個例子同時回答了兩個問題：

一、植調為什麼能保護荒地。

二、植調需要做多久。

建安把蔡志忠老師（綽號大頭，1解）從臺中找來，要從臺北分會開始推動植調。大頭是溪山組元老，本組前幾次失敗的植調都是他推動，是公認的「植物人」。自從去靜宜大學上班、生態所念書之後，功力愈加深厚，植調經驗非常豐富。

二〇一一年三月十九日，大頭選在他熟悉的大崙尾山、溪山組的管區開課。他以翠山步道為例，用工作坊的形式，直接帶領大家做物候調查。當時臺北解說組來了很多菁英，那天的成績不錯，上完課就有三組表達有意回去推動每月的定點植調。從這一天起，溪山組再次展開植調、至今方興未艾。

那時，我對植調能否持久，還是沒有信心，所以只是一旁觀看。直到荒野十九週年慶，大頭在臺上做植調三年成果分享（二〇一一年～二〇一四年），內容精彩，尤其是加入氣候的因素來解釋某年某月的異常，讓臺下的我和美惠姐對「氣候變遷」特別有感。我們當下就決定，回臺北後要另開路線，加入植調隊伍，這就是「山稜線」的由來。

大頭的調查方法很簡單，他用數字代表物候。譬如樹葉，以0代表空枝，1為嫩芽，2為新嫩葉，3是老葉，4是落葉；花與果的物候也是以此類推。簡單嗎？很簡單！容易嗎？嗯，有的很容易，有的很難。難在哪裡？想一想，用望遠鏡看六公尺遠的樹，然後要找到哪裡萌芽？說有多難，就有多難！這還先不論是葉芽，還是花芽？

這部分回答了上面講到「方法枯燥」的問題。

為什麼？的確，剛開始碰到這種情形時，經常是滿頭霧水，嘴巴還會嚷著：「大頭啊！大頭，你這是存心整人嘛！」但凡事熟能生巧，判斷也就八九不離十了，加上現在人手一機，上網方便，一旦得到驗證，不免得意，樂趣由此而生，枯燥一掃而空！而收穫還不止於智性的滿足，觀察中所帶來的療癒效果更引人入勝，有文為證：

冠羽畫眉（北31解）

我最喜歡去植調了，類似拜訪老朋友，每個月看看它的變化和成長。尤其喜歡欣賞植物的開花和結果，孕育下一代；或是吐露新芽，展現強勁的生命力。順應著四季變化，俯仰在天地間，成長、凋零……有時會看到一些昆蟲不留情面地啃咬葉片，雖然替植物感到難過，但同時又覺得能夠哺育另一種昆蟲，犧牲得好有價值！這是大自然的生態現象，無所謂好或壞，在食物鏈中，每個生物體都有它存在的意義和用途。

風鈴草（北31解）

人生每個階段都有些特別的記憶，植調會是個人這個階段的精華！每個月定期來看看老朋友，最近可好？長新芽了？開花否？結果了嗎？葉怎麼枯了？觀察生命的生生不息，有些喜悅，有些驚豔，有些遺憾，有些不捨。我們一點一滴記下好的，也誠實地寫下不好的。而且植調時總是有驚喜，不管是野生的蘭花白芨，亦或是茶蠶蛾的覓食大軍團，真是看不夠，玩不完啊！完工後，除了收穫滿滿，也常是巴肚滿滿的啦！

因此，參加的伙伴愈來愈多，除了二〇一一年的「翠山步道」、二〇一五年的「山稜線」外，二〇一九年又增加「米粉道」。三條路線分別處在大崙尾山山腰的向風面、山稜和山谷的背風區。有了這三條，我們對這山區的植物面貌會有較完整的認識。

今年的好消息是植調路線又新添「軍艦岩」一線，而竟然是新進的30解伙伴山艾自動請纓的。此事令人興奮的原因是：

一、棲地多樣性：軍艦岩與大崙尾都是低海拔，但屬不同山系，相對而言，軍艦岩「乾」、大崙尾「溼」，植物生態自然相異其趣。

二、人力多樣性：這是指解說員的「期數」多樣，這四條路線，從最老的1解到最新31解都有；資歷有一、兩年的、有已經五、六年的，更有從頭到尾都沒離開的20解小水鴨。如此看來，植調已然在本組生／深根了。

本來，往年的成果分享只是組內的活動，每三年辦一次。二〇一九年第九年時，和大頭老師一直喬不出時間來，所以順延到今年，正好和協會「氣候變遷」的議題契合，就決定擴大辦理。期望經由這樣的分享可以把植調的種子散播出去，將來在解說組的各地定點，開枝散葉。

PART 2

土地與生命的交織

——自然教育與環境行動

荒野親子團為何會給孩子改變的力量？

到雲林參加荒野第四屆環境行動論壇，除了擔任專題主講人之外，也擔任成人組競賽的評審。

很多年來，因行程較多，應邀參加活動都必須出現前一刻才抵達，講完就趕往下一個活動，但是這一年（二〇一八年）我打算慢下腳步，盡可能不再匆匆來去，多花一點時間和主辦的伙伴聊聊。

某個週六下午在斗六圖書館演講後，就去參加同樣在斗六雲科大學辦的這次論壇。正式活動是週日全天，週六安排了觀摩與分享活動。晚上與幾位親子團的資深幹部坐在場邊邊聊天邊觀看活動的進行，看著來自全國各地荒野奔鹿團與翔鷹團的孩子（奔鹿約屬國中階段、翔鷹是高中生）在臺上用遊戲與競賽來分享這一年的環境行動計畫。

親子團總召集人巒大杉指著臺上一位有著很可愛笑容的男生說：「好多女生很喜歡他，因為他看起來很無害！」我瞧見一位正被臺下伙伴質問，卻能笑著以四兩撥千金來化解的小鷹，這時巒大杉卻峰迴路轉：「他幼兒園與小學階段都被判定為發展遲緩兒，小學、中學時常被同學霸凌，甚至老師也不喜歡他。加入荒野親子團後，因為同伴們和導引員的接納與欣賞，他表現得非常正常，也很優秀，根本不是什麼發展遲緩！帶他加入親子團的媽媽每次分享親子團給孩子帶來改變的可能時，都激動得流下感恩的眼淚。」我訝異得張大眼看著他的一舉一動。

這時麥克風輪到另一組女生手上，她落落大方地回答臺下伙伴的問題。巒大杉又說話了：「這個小鷹小學時非常內向害羞，全班二十三個人，二十二個人都有職位與頭銜，除了傳統的班長、副班長、排長、學術、康樂之外，還有清潔長等各種頭銜，只有她是全班唯一沒有任何『長』的。當她加入親子團後，慢慢不再退縮，反而變得自信大方，兩年後甚至被同學票選為班長！」

巒大杉繼續說：「她的父母親看到她的改變，感激到傾全力投入荒野當志工，這些年一直擔任親子團幹部！」當我詢問她的父母是誰、在哪工作時，才想起應該是前幾年到新竹某科技大公司演講時遇到的那對伙伴，他們夫妻倆特地來致意，說很感謝荒野親子團讓他們的孩子找到自信，整個人有如脫胎換骨般，因此他們願意將工作之餘的所有時間奉獻給荒野。

隨著孩子一一上臺分享，巒大杉和我講著一個又一個故事，震撼之餘，內心的感動也與所有當年一起參與籌備與創立親子團的伙伴一樣，幸好當時堅持下來，因為我們那時候的相信，在多年後的現在，看到令人欣慰的成果。

親子團初期還沒辦法全部由家長來擔任志工幹部，有幾位團長與導引員單身未婚，有人好奇他們為何會如此投入來帶別人的孩子，北三團首任團長五色鳥（現旅居英國工作）說：「我的心願是現在帶的孩子長大後能夠回來當團長，帶領我的孩子！」這個心願如今快達成了，已有不少從親子團長大的孩子大學畢業回到團裡當志工了！

為什麼親子團有「療癒」作用，讓被判定發展遲緩，或者被老師及同學霸凌的孩子能找回自信，展翅高飛，我想，應該不是偶然的……

給參加親子團導引員基本訓練伙伴的一些話

恭喜各位有機會參加荒野保護協會親子團導引員的訓練。

我們能夠陪伴孩子在天籟下起舞，這可是孔子心目中的大同世界呢！

據學者研究，一輩子如喪家之犬、急急忙忙遊走列國、整天講得口乾舌燥的孔老夫子，真正的理想國是他與弟子聊天時的對話：「暮春者，春服既成，冠者五六人，童子六七人，浴乎沂，風乎舞雩，詠而歸。」白話就是在春暖花開的日子，穿著輕便的荒野T恤，五、六個大人帶著六、七個孩子，在溪水裡玩耍，在溪岸邊吹著風、跳著舞，然後唱著歌回家。

這不就是各位正在做、同時努力讓臺灣所有大人與孩子都能享有美好心情與環境的心願嗎？

第二個要恭喜大家的就是，這一段在親子團的日子，與孩子有共同話題，為同一個目標一起努力的時光，會是全家人一輩子溫暖的回憶，這種親密感將是彼此生命最值得珍惜的寶物。姑且不管親子團十二年一貫的設計，以自然及環境行動為素材，讓孩子培養出面對未來高度競爭最重要的關鍵能力，我相信孩子在親子團看到許多大人為了公益而奉獻的典範，在潛移默化中給孩子正面的影響，那種熱情與生命力將可以使他們未來不管遇到什麼挫折或困頓，都有站起來繼續往前走的動力與勇氣。

最後，我想提醒大家，你們不是為了孩子而參加這個營隊，更不是無可奈何拋家棄子地辛苦付出，這是給自己一個機會，更是給自己一個禮物，讓我們能認識這一大群志同道合的好朋友，相信這些擁有革命情感的好伙伴，也將會是陪伴我們共度漫漫人生的老朋友。

親子團北三團二十週年感想

參加荒野親子團臺北第三團二十週年團慶，歷屆團長和育成會長幾乎全部出席了，也有第一屆的小蜂出席，若以他們當年是小學三、四年級十歲左右的年紀，算算現在已經三十歲了。

親子團是荒野保護協會在二十一世紀初始獻給臺灣孩子的禮物，向童軍團的組織與制度方式取法，我們從二〇〇〇年開始籌備，二〇〇一年成立臺北一團，二〇〇二年第二團成立，二〇〇三年第三團成立，之後在全臺各縣市開枝散葉，至今有一百多團。

親子團的志工（導引員及各級幹部）在頭幾年有些是單身伙伴，但之後慢慢由剛經過訓練的家長接替，因此親子團的課程與訓練最完備，分為多個層級，從基礎訓、進階訓到三珠訓，學（受訓）與用（擔任職務）相互搭配，相信參加親子團的家庭，大人與孩子都能在荒野這個大家庭裡學習與成長。

從幼兒園到高中，許多孩子一路在親子團裡，除了結交到好朋友之外，還有更多叔叔、伯伯、阿姨看顧著孩子成長，這些與大人互動的經驗與意願，都是荒野的孩子往後人生重要的資產，也是有別於同儕的隱形競爭力。

謝謝這二十多年來投入的志工與家長，因為大家的努力，不僅為孩子植下綠色童年，他們對環境的關懷、對生活的好奇與熱情，這些荒野孩子擁有的特質會是未來引領臺灣社會邁向永續的重要力量。

參加荒野親子團一個很重要但可能忽略的好處

到臺中霧峰中興農試場參加荒野第三期領航員研習營第一階段的課程。大清早出門，到臺中高鐵站，杏仁伙伴開車來接我，她的孩子都是親子團成員，她先生九層塔伙伴是臺中著名的食神，這三期共十二天研習營，全天的伙食外加下午點心與晚上消夜，大多是由這位食神來打點，讓大伙在高密度的課程中（上午八點到晚上十點半）有足夠的體力。

在車上與杏仁聊天，她很開心孩子在荒野親子團裡學到很多，有很大的成長。我問她：「妳有沒有發現，孩子參加荒野親子團會獲得一個很重要、至少在未來職業生涯中很重要，但我們往往會忽略的好處？」

通常，伙伴的孩子若年齡小一點的會說：「讓孩子擁有快樂童年，培養好奇心、觀察力等。」若孩子大一點來到奔鹿或翔鷹團時，或許會加上：「他們的環境行動方案就是一〇八課綱最好的學習歷程檔案。學習與同伴的溝通與合作，結交到好朋友……」

有的還會補充，讓孩子有個紓壓管道，或者這段一起在親子團的時光是很好的陪伴，彼此有共同話題、共同參與所獲得的親密感是將來很好的回憶……

這些回答都沒錯，但都不具獨特性，就是這些好處即使不參加荒野親子團，也可以由其他管道獲得，比如以各種技能的學習而言，很多營隊、團體、補習班，或花錢請專業家教等都更有效率。相反的，參加親子團對家長或孩子而言都很麻煩，因為是團體行動，必須與所有人配合，難免浪費很多時間在集合、討論……所以技能的學習不是參加親子團最主要的好處。

至於親子的陪伴與親密感的養成，只要家長有心，不一定要參加荒野親子團也可以達成，那麼真正不可替代、獨一無二的好處是什麼？

這可分為兩個層面來看，一個是短期，就是初入社會在職場上的競爭力，另外就是長期對人生觀、生命態度的影響。這兩項素養必須在真實的場域，長期的親身經歷與體驗，才有機會變成自己生命的一部分，很難用其他方法來達成。

首先談職場競爭力。

現在剛剛或即將進入職場的年輕人大多屬於Z世代，就是一九九五年前後出生的孩子，他們的成長與學習過程中，已有智慧型手機，已習慣隨時無線上網，做任何事只要手機一滑就能完成，不再需要面對面溝通，甚至連話都不必講。有位Z世代網紅講過一句很夯、很有哏的話：「希望有一天，我敢打電話訂 Pizza！」

打電話訂 Pizza 有什麼敢不敢的？有什麼難？

對於戰後嬰兒潮或X世代的父母親來說，一定會覺得莫名其妙，但從這句話可見，Z世代多麼不習慣和人接觸與溝通。

如果和同輩的陌生人面對面溝通都有困難，那麼和陌生的長輩聊天，對他們而言，恐怕比登天還難了，這就是在荒野親子團長大的孩子最獨特的優勢了。

親子團雖然要求父母親要參與，有的在育成會當後勤支援，有的經過訓練後擔任小隊的導引員，但導引員所協助的小隊裡不能有自己的孩子，秉持「易子而教」的原則。

孩子在荒野親子團裡，短則兩、三年，長則六年、九年甚至十二年，一直有著「非親非故」的大人陪伴著成長，這些大人的耐心、關愛、願意傾聽，更樂於依著孩子的意願與能力提供機會，陪伴著他們學習與成長，孩子在如此的氛圍下成長，個個都會習慣和「陌生的長輩」聊天，尋求協助或合作。

或許大家可以設身處地想一下，職場上掌握資源與決策權的主管或老闆，對Z世代而言都是「長輩」，當大部分年輕人看到長輩就閃開，或者像啞巴般呆若木雞，而荒野的孩子都可以輕鬆自在地和老闆閒話家常，有困難時也敢溝通或請求協助，你會給哪種年輕部屬更多機會？

第二個好處是必須長期在環境中養成的是生命態度與價值觀。荒野親子團是隸屬於荒野保護協會的志工團隊，活動內容不只是親近大自然，玩樂、觀察與學習而已，而是透過關懷社會、環境行動的大目標來完成其他能力和獲得附帶好處。

因此，荒野的孩子和其他同時代的年輕人比起來，比較具有行動力、有社會關懷，更重要的是具有熱情。

生活的熱情是網路虛擬社會中最欠缺的素質，所有家長可以透過許多資源的投入，補習、請家教、參加營隊，讓孩子十八般武藝樣樣精通，又擁有漂亮的學歷，但欠缺熱情（一種具有生命信念的追求，與社會參與中湧現的熱情），有再好的條件與資源，若一個人找不到人生的意義，仍然無法擁有真正的幸福。

目前荒野有一百多個親子團，三千多個家庭參與，這些家長與孩子一起在天籟下起舞，感覺上好像人數不少，但相對於全臺灣的孩子來說，數量還是不足，孩子一天天很快地成長，生命的歷程與體會若錯過了就是錯過了。

我夢想每一個在臺灣長大的孩子都有機會感受到大自然的美好，讓大自然的豐富，還有人與人之間的善意，能在他們往後成長過程中，成為滋養的來源。築夢荒野，邀你同行。

荒野清水教育基地

假日經過宜蘭三星鄉，順道去看看由荒野認養管理的清水國小，這是繼臺南水雲國小後，荒野第二個「教育基地」。

「為孩子植下綠色童年」是荒野一九九五年成立後，我們許下的大願。「我夢想每一個在臺灣長大的孩子都有機會感受到大自然的美好，讓大自然裡的豐富能在往後孩子的成長過程中，成為滋養的來源。」我曾在天下雜誌的專訪中這麼說。

我們的確從很多地方來努力，包括期待建立一個屬於荒野的「自然教育基地」，或許說是住宿型自然中心可能大家比較容易理解。

一九九八年荒野第二屆理事會中，成立了兒童教育委員會及自然教育基地委員會，由兒教委員會負責志工訓練及帶領孩子的營隊，而教育基地委員會就負責尋覓及營建可以住宿及辦活動的場域。

只是當年荒野的力量太薄弱了，努力了三年沒有進展，就在第三屆理事會、二〇〇一年時取消了這個委員會。但我們的夢還在，二十年後總算落實了。

這南北二個教育基地，除了為孩子舉辦活動之外，也可以提供荒野數百個志工群組的訓練之用。

後面附上二〇〇〇年前後為這個夢想所寫的幾篇文章。

為孩子植下綠色的童年

我們小時候有機會踩在泥土上，螢火蟲在住家附近飛舞的景象還在腦海。可是，現在都市的孩子呢？臺灣百分之九十以上住在都市的孩子，似乎是被關在水泥監獄中。擁擠及危險的空間使孩子視野只及於幾公尺之內，生活中接觸不到大自然，體會不到來自於大自然的生命力，又如何能對自然產生感情，與自然和諧相處呢？

很難想像，沒有被自然感動、沒有與其他生物互動經驗的孩子，長大會如何看待其他生命？

很難想像，從小沒有機會接近土地、沒有機會接近臺灣鄉土的孩子，長大會如何對待臺灣的自然環境？

很難想像，等這些沒根的孩子長大，開始主導臺灣的未來時，臺灣會走向何處？

這不是我們杞人憂天，而是顯而易見的事。對於應該負大部分責任的官方教育體系所主導的鄉土教育或戶外教學，相信我們都不會滿意的。因為大半的學校戶外教學不是仍以知識為主導，就是到遊樂區玩電動設施，到此一遊似地交差了事。

我們的兒童缺少來自大自然的感動。

唯有讓孩子被大自然感動了，這顆埋下的種子將來才有可能在他長大之後開花結果。

麥田邊的守護者

這些日子以來，我一直在思索如何將荒野長期關注的兒童教育進行更全面、更長期的影響力。

找出年輕時看過的世界名著《麥田捕手》，在評論者眼中，這本書是「改變了整整一代人的書」，那是浪漫的六〇年代，那是理想正燃燒的時代，相對於今日這個時代，還有多少人對兒孫輩未來的事懷有夢想？

《麥田捕手》中，大人眼中的問題少年對著他的小妹妹說：「我老是想像有一大群小孩子在一片麥田裡遊戲的景象。成千成萬的孩子，沒有人在旁邊——我是說沒有大人——除了我以外。而我站在一個非常陡峭的懸崖邊，幹什麼呢？我必須抓住每一個向著懸崖跑來的孩子——我是說如果他們跑著跑著而並未注意他們所跑的方向，我就從懸崖邊出來抓住他們，那就是我想做的事，我要做個麥田捕手。我知道那很狂，但這是我真正想做的事。」

一九九九年六月，在荒野六週年特刊《我們正在寫歷史》中，我特別提出：「我們在新的一年要為孩子植下綠色的童年。」當時配合這個宣示，在祕書處的編制擴增與義工體系都展現了我們的決心。

荒野多年來已匯聚了不少人才，我們應該擔負更大的責任，因此，我們許下一個承諾：「讓都市的小孩有機會接近自然荒野。」許下對臺灣所有小孩與自然接觸的機會，進而心靈陶冶的心願，我覺得這是荒野責無旁貸的使命。

給孩子一個改變的機會

對於兒童自然教育的努力，路途雖漫長且辛苦，然而我常與荒野伙伴分享一些心得。

在孩子感受力最高的時候，若能給予正面且善意的情緒感受，這種感動的力量乍看似乎細微不起眼，卻可能是孩子改變的契機，或是成長中生命力量的活水源頭。因此，一定要在孩子的銘印時期就為他們植下親近自然、愛護生態的觀念。為此，我們一面不斷發展荒野組織、厚植荒野永續發展的基礎，建構公民社會、公民參與的機會，同時注意是否有餘力能為臺灣的孩子做點事，尤其是那些更需要人間善意、與自然生命互動的孩子們。

從二〇〇三年下半年，衡量荒野各個義工次團體已逐漸成熟，祕書處的行政及後勤支援足以擔負更大責任時，我們呼籲從各個領域為孩子們做點事。很高興能獲得許多伙伴的響應，並積極準備。

荒野除了特別邀請原住民孩子參加自然體驗活動之外，在全國各地仍有為會員或一般大眾所舉辦的兒童營梯隊。不過，私心裡，我比較渴望能夠多辦一些主動邀請弱勢家庭或針對特定對象的孩子來參加荒野的自然體驗營，對那些孩子而言，這樣的機會絕大部分是他們生命中的第一次，甚至是唯一的一次。

以對生命的影響力來說而言，若父母有能力提供孩子出國參加夏令營或遊學，多參加一次荒野兒童營所能形成的生命改變似乎不大，但對清寒家庭來說，動輒三、四千元的費用是一筆額外的支出，而這群孩子在生命最敏感的階段，最需要自然教育，他們的未來有極大可能是根留臺灣的一群。如果一個從小沒有聽過蟲鳴鳥叫、沒有與其他生命互動的孩子，沒有機會接觸到美、感受到善，我們能期待他們長大後會有怎樣的素質？

我一直非常著急，孩子的成長是不等人的。一年過去，就有好多好多孩子脫離了生命最敏感與最具同理心的階段（據學者研究，約小學四、五年級之後，孩子可塑性最高的階段就過了，人生價值與生命態度形成也在這個階段）。

我知道，教育的成本非常昂貴，必須一對一，必須因材施教，但更了解到，今天若不投資這個成本，以後必須付出的代價將更大。荒野願意以堅定的承諾與更大的熱情及行動，帶領臺灣的孩子感受自然的美好，感受來自社會的善意！

把希望澆灌在失水的種子上

我知道，面對未來，巨大的變革正在發生。

我也知道，面對全球化競爭，每個人都必須更努力！

我也感受到，臺灣正如世界各國所承受的壓力一樣，經濟正在衰退中。

我也體會到，臺灣的貧富差距正在急速地擴大，加上外籍配偶下一代教育的問題，臺灣正面臨全新的挑戰。

荒野的工作伙伴及數以千計的義工，這幾年非常努力，希望在不斷的變化與競爭中，能為非營利組織走出一條新的路。可是，夜闌人靜時，內心總會傳來微弱的聲音召喚著我！

我一直不太肯定那是什麼，直到二〇〇三年夏天。

在SARS的陰影下，我們持續進行兒童營的準備工作，並在暑假如期開辦荒野成立以來最大規模的兒童營，也是舉辦梯次最多的團體，全臺灣有二十多個梯隊，其中包括臺北十二梯次。

辦的梯隊多了，總算可以回應心中那個呼喚——透過社福機構的推薦，二〇〇四年我們邀請了低收入戶、單親或失親孩童來參加我們的夏令營，並打散在每一個梯隊中（每個梯隊裡，繳費報名的孩子與免費邀請參加的孩子比率約二比一）。

這個心願埋藏在心裡多年總算實現，我真的非常高興。

若是不知道那些孩子的背景，在帶領活動的過程中．你是會有點挫折的。那些孩子或許從來沒有被周邊的大人（甚或班上的同學）正常地對待過；他們也沒有機會在充滿愛與關懷的環境中成長，參加類似荒野這樣的自然體驗營隊，可能是他們從來沒有的經驗。其他由父母親幫忙報名繳費的孩子，或許早已司空見慣，配合度高又反應靈敏。相反的，當營隊中出現有敵意的眼光或退縮不合作的行為時，也許是孩子們受傷未痊癒的表徵！

從社會局與家扶中心社工員處輾轉得知，以參加過活動的孩子反應看來，在心靈上有非常正面的影響。老實說，這麼多年來，我很不願意以「做功德」這樣的形容詞來評論荒野人的努力，但當我想到在荒野熱情義工帶領下，在大自然裡快樂地玩耍，對這群單親或低收入戶的孩子或許是這一輩子裡唯一的一次。荒野澆灌的愛，或許微弱，但對這些失水的種子而言，是彌足珍貴的吧！

所有的孩子都是我們的孩子

二〇〇三年十一月，濛濛細雨中，來到位於北宜公路上的雙峰國小。坐在三樓木地板的禮堂，從左右兩側窗戶望去，都是青翠的山脈，微風輕拂著，大蜂們圍坐成一圈，氣氛很好。原本我已連續一星期每天睡不到五小時，相當疲憊的身體在眾人的能量加持下，也振奮了起來。

這次我的講題是「談談荒野兒童教育的過去、現在與未來」！每當想到荒野伙伴的種種努力，那麼熱情、義無反顧，甚至有如傻瓜般的行徑，這些在伙伴裡流動的愛，往往使我感動得無以復加。

面對一群算是荒野的新伙伴，炫蜂三團的家長，百分之八十以上加入荒野還不滿一年，這些家長對孩子的照顧與投入所花的精神是很大的，當我細數著荒野的願景、荒野痴心的夢想時，實在不知道該如何表達「所有的孩子都是我們的孩子」這樣的想法。

於是，只能以較聳動、較明顯的「共業」觀念來提醒大家，當我們處身於同一個時間與空間，是無法獨善其身的。當別的孩子成長受挫，將來也會影響到我們的孩子；當環境受傷害，後果必須大家一起承擔。

這些家庭、這些孩子若沒有很好的成長環境，若與臺灣的自然生命沒有互動，若沒有感受到臺灣民眾善意的對待，十年、十五年後，這些孩子長大了會如何看待臺灣，看待社會？

當擁有者有意無意的忽視與遺忘，當缺乏者憤怒不平的嫉恨，這個社會的鴻溝會不會崩裂到無法彌補的程度？我知道每個家庭、每個伙伴都非常忙碌，也相信每個人都有十足的理由忽視這個問題，但未來很快就會來臨。

所有的孩子都是我們的孩子。

二〇〇三年，我們已開始積極朝這個方向努力，有很多資深的荒野義工偷偷告訴我：「若是協會要替弱勢或特殊兒童辦活動，我一定幫忙。」真好，真喜歡聽到這個「一定」的自我承諾與信心！老實講，我不知道荒野能做多少，但願意盡力去做！「共業」可以藉由「共願」來化解！

我們並不孤單！

有時候會想起露營時燒炭取火的經驗：「燒炭取暖的時候，一定要把兩、三塊炭放在一起才能燒得久……做為火種，被深埋在灰中的木炭，一定不能只是孤單的一塊，一定要是兩、三塊木炭靠在一起，如果只留了一塊當火種，火很快會熄滅，最後變成一塊冰冷僵硬的東西，如果是兩、三塊木炭就會互相依靠，慢慢燃燒下去。」

這就是荒野伙伴們互相鼓勵、互相扶持前行的信心。

荒野親子團的起源

二〇一六年秋天參加完兩天一夜的荒野共識營，週日晚上帶著滿滿精神能量、但略顯疲憊的身體回到新店山上的住家，一進門，在客廳大桌子上看書的A寶依慣例問：「這次活動有什麼好玩的？」

我開心地說：「看到好多年沒見的老朋友，很開心，晚上與大家聊天聊到清晨五點，好像自從卸任荒野理事長後，很少像這樣和人聊天聊到天亮。」

平常住在學校宿舍，搞不清楚我的行蹤的B寶問：「爸爸參加什麼活動？」

「去荒野的共識營演講，共識營是荒野保護協會每一屆新當選的核心幹部，比如理事長、分會長，以及各工作委員的召集人，和祕書處的專職工作伙伴一起開會，討論在這一屆三年的努力目標，因為要形成共識，必須花上十多個小時以各種分組討論的方式來充分交換意見。我在晚上時有個專題演講，回溯荒野的起心動念，希望荒野的文化能一屆一屆地傳承。」

B寶很好奇：「講到天亮喔?!」

我哈哈大笑：「當然不是啦！共識營的節奏很緊湊，時間控管得很嚴謹，我是晚上活動結束後與一些伙伴繼續閒聊到天亮。」

曾採訪親子團總召集人的A寶問：「戀大杉叔叔有留下來聊天嗎？」

我說：「有啊！現在這批新幹部裡，除了十來位是我擔任理事長時就在荒野當志工外，其他百分之八、九十都是最近十年才加入的，大家都對荒野早年的歷史典故很好奇，尤其他們現在負責的工作委員會是怎麼成立的，許多伙伴很想利用機會問我呢！」

曾幫忙撰寫荒野二十週年特刊《荒野的孩子》而東奔西跑採訪過許多親子團的B寶也說：「親子團改變了許多孩子與父母，荒野能成立親子團真的是很大的功德啊！」

A寶插話說：「當初荒野一定是傾盡資源投入親子團，才會有今天這麼大的規模！」

我說：「親子團現有八十多個，以每一團四十個孩子來說，目前有三千多個家庭長期在荒野保護協會裡活動，而且數量繼續成長中，預估明後年就會突破一百團。不過，親子團的成立，荒野倒是沒有投入什麼資源，甚至可以說，從成立到整個架構完成，長達十來年的努力主要是一個人發心的奉獻。」

A寶嚇了一跳：「一個人?!」

B寶猜測：「是不是林耀國叔叔？」

我點點頭：「耀國叔叔和爸爸都當過社區童軍團團長，只是我在開始籌備荒野時就辭掉童軍團的團長，到了荒野第二屆時，耀國叔叔卸任童軍團團長，比較有空，開始投入荒野。」

AB寶顯然也對這段荒野親子團成立的緣由有興趣，催促著我講得更詳細一點。

我在記憶深處裡翻找著：「荒野第二屆常務理事就是你們很熟悉的劉維平叔叔，他原本開了一家國內規模很大的景觀規劃公司，一九九九年退休後多了許多時間可以幫忙荒野，就辭掉常務理事的職位，擔任祕書長特別助理，名義上是我的助理，協助管理祕書處，幫當時正迅速膨脹的祕書處業務建立一套管理制度。」

A寶聽到這裡有點納悶：「劉維平叔叔擔任你的特助和林耀國叔叔有什麼關

係？」

「有關係啊！他辭掉常務理事，我就拜託原本擔任理事的耀國叔叔遞補維平的職務。因荒野的慣例是每一位常務理事都是某個工作委員會的召集人，當時維平叔叔負責教育基地，我認為耀國的本職工作是室內設計，再加上童軍團的訓練營地和荒野想設立的教育基地從事定點的自然教育有點類似，在硬體的營建方面，耀國叔叔應該幫得上忙，於是拜託他接任了。」

B寶追問：「教育基地怎麼變成親子團？」

「荒野的常務理事會兩個星期開一次會，每次會議各個工作委員會都要報告，因為教育基地在當時還沒有能力與資源來發展，耀國每次報告都沒有進度可言，覺得占著位置沒做什麼事很不好意思，就向我辭職。而我與耀國從小都是童子軍，也擔任過童軍團長，知道童軍團發展的制度與方式對孩子的成長與學習幫助非常大，就和他商量將教育基地委員會先解散，改成在荒野裡面成立類似童軍團的組織。」

A寶想起我剛說的話：「你剛才說荒野沒有投入資源？那是什麼意思？徐仁修伯伯不是特別著重兒童自然教育？應該是全荒野都會傾全力支持，怎麼會只有耀國叔叔一人單槍匹馬努力呢？」

「的確，當時擔任理事長的徐伯伯特別看重兒童自然教育，這也是荒野從成立至今最大的特色，但他不清楚什麼是童軍團的制度，也不了解童軍發展模式的滲透力與長期的影響力。其實當時不只他不了解，絕大部分的核心幹部也不了解。」

B寶吐槽：「你口才不是很好嗎？怎麼沒辦法說明清楚？那是你當祕書長的失職！」

我苦笑著：「你想想看，一群十來個荒野志工一年至少付出二十個整天來帶領同一群四十個左右的孩子，連續三年，甚至六年、九年。只要反對的人說，一年二十天乘上三年就是六十天，十個志工若每次都帶領四十個不同的孩子，荒野就可以接觸到兩、三千位孩子，在他們的內心種下一顆美好的自然種子，為何要獨厚那三、四十個小孩？臺灣有幾十萬個不斷在成長中的孩子都需要大自然的洗禮，應盡可能讓最多的孩子有機會在荒野的帶領之下體會到大自然的美，為何要『浪費』荒野那麼多志工的心力，只是圖利少數三、四十個孩子與家庭。」

A寶取笑妹妹：「你口才好，你會如何說服那些反對的人？」

B寶沉默著。

我嘆了口氣：「我當時真的說服不了，和耀國只能咬著牙向常理會承諾，我們不會動用荒野的任何資源，不會挖角經過訓練、正在各工作委員會幫忙的荒野志工，也不會動用任何祕書處專職工作伙伴的上班時間，就是從零開始自己創造。」

A寶哇了一聲：「那太為難你們了吧！」

常吐槽別人的B寶難得說好話：「想不到爸爸那麼有骨氣！」

「我幫的忙不多，主要都是耀國叔叔在忙，因當時荒野在急速成長，我必須忙的事情非常多。我能幫得上忙的只是從當時荒野四千多個會員資料表中，找出三十多位曾經參加童軍團的會員，詢問他們有沒有空來參與籌備，或者有時候在我負責編輯的《荒野快報》寫點訊息，有空時參加他們的籌備會議，給一些精神支持。雖然想盡量幫忙，不過我只參加每星期一次的籌備會到第六次，看籌備狀況不錯後就沒有固定出席了，留下耀國叔叔一個人孤軍奮鬥。幸好當時還有自然名為老鷹的沈振中老師（記錄片《老鷹想飛》的主角）也來幫忙，他一路陪伴著親子團，從籌備成立到之後的每一次訓練，真的是盡心盡力。」

有籌組團隊經驗的B寶有感而發：「在不受隸屬團體與伙伴支持之下，從頭創造一個全新團隊非常不容易。」

A寶也說：「雖然荒野親子團的構想來自於童軍團，但親子團獨特的內容與制度，這麼龐雜的創造工程，真的是難為耀國叔叔了！」

我點點頭：「人畢竟是血肉之軀，遇到挫折還是會難過沮喪。當時耀國和我常常互相打氣：為荒野付出除了不為名、不為利，更不是為了哪些人，我們的付出只是為了自己的夢想，為了我們相信的事，因此不要在乎別人的冷嘲熱諷。」

B寶似乎頗有所感：「說來簡單，但是身歷其境是很難熬的！」

我點點頭：「這一路走來，耀國叔叔的確承受許多委屈！」

A寶問：「當時你們知道親子團後來會這麼成功嗎？親子團的茁壯總算可以讓耀國叔叔揚眉吐氣了吧？」

「或許為了爭一口氣，耀國真的是傾盡所有心力與生命強度在努力著，因此親子團的確發展得很好，我卸任後就建議由耀國接替理事長，可是他不但沒有揚眉吐氣，甚至還承受另外的委屈呢？」

A寶嚇了一跳：「怎麼會?!」

「荒野有個慣例，工作委員會召集人由理事與常務理事擔任，理事長不兼任志工團隊召集人，同時我們也希望志工幹部在任內要積極培育新血，所以職務要定時交接，換句話說是不能把團體視為自己擁有。但因親子團的制度是從幼兒園大班到高二，橫跨十二年的體制，在還沒有完全架構完成的情況下，真的沒有其他親子團伙伴有意願且敢接下他的棒子，所以他一直擔任親子團總召集人將近十年，戀大杉才勉強接下他的棒子。荒野其他團隊的核心幹部不太了解他的苦衷，多多少少應該是不太諒解他破壞了荒野的慣例，因此我相信他是委屈的。」

A寶追問：「這是不是他只擔任一屆理事長，然後就繼續建構親子團組織這個大工程的原因？」

我搖搖頭：「我不知道他內心真正的顧慮，只知道親子團與荒野的事情真的太多了（單單志工訓練結訓頒證書與各群組重要活動一年至少上百場，再加上數倍於此的會議，外人很難想像），大家在荒野都是志工（不但沒講師費、車馬費，連餐費、車票都必須自己出），耀國叔叔為了荒野與親子團大概有好幾年沒時間接室內設計的案子，到後來甚至必須把他原本住的地方租出去，搬到頂樓加蓋的小小閣樓，用房租貼補家用才能過日子呢！」

A寶嚇了一跳：「太感人了，太不可思議了！」

「這一段歷程耀國從來不和別人說，少數幾位知情的伙伴也在他再三囑咐下幫忙保密，但我昨天晚上和老伙伴聊天時，忍不住把荒野親子團成立原由與耀國的苦心說出來，雖然耀國一直很低調，從來不訴說自己的功勞，也從來不吐苦水，但我覺得應該讓伙伴們了解。」

AB寶滿臉感動的神情說：「下次見到耀國叔叔一定要給他一個大大的擁抱。」

賣牛肉麵或排骨麵

二〇二一年十月底，在二領營講荒野的選擇時曾提到一個真實故事，我當理事長期間，好幾次開理監事會時，被邀請來的企業顧問（荒野前幾屆的監事有部分名額邀請各領域社會賢達，類似現在企業裡獨立董事的作用）質疑：「看不懂荒野的核心目標是什麼？似乎什麼都做，項目太分散，外界搞不清楚荒野究竟想做什麼？」

接著這位監事舉了一個很生動的比喻：「假如荒野想賣牛肉麵，就專心地賣牛肉麵，其他的麵都不要賣，讓社會上的人只要想吃牛肉麵，就想到荒野，不要像現在這樣，既賣牛肉麵，又賣排骨麵，無法讓人有鮮明的印象。」

我忘了當時在會議上怎麼回覆這位監事的質疑，不過他看我們沒把荒野搞倒，甚至組織一天天蒸蒸日上，不斷發展，經過幾次會議的連續質疑，看我沒有檢討改正的意思，就不再問了。

在領航員研習時提到這段故事，不過限於講演時間，沒有充分地說明我的想法，晚上開輔導員工作會議前，與副理事長柯典一錯身而過時，典一消遣我：「搞不好到現在那位老伙伴還是繼續質疑你，要賣牛肉麵就專心賣，不要想東想西。」口頭解釋容易疏漏，論點不清晰也不周密，回家後想想，覺得應該用文字說明，就以三個方向分三篇文章來談談。

專注或多角化的選擇

企管理論和流行服飾一樣，不同時代會流行不同的理論，二十多年前，強調專注與核心能力的企業經營理論當紅，或許當時還沒有太多大企業以多角化經營形成今日的新典範。

專注的典範比如今天的「隱形冠軍」，把某項產品或技能做到最好，也類似日本「一生懸命」的「職人精神」。在「資源」有限時，強調「核心能力」是聰明的，甚至是不得不然的選擇。

但三十多年前，我已感受到時代變化逐漸加快，「典範轉移」這個名詞出現了，我深刻體會到再強、再厲害的技能或產品也無法長久依賴，因為只要出現新的產品、有新的遊戲規則，我們原有的優勢一夕之間就會消失。我的父執輩那代人，一生的職涯中，頂多只會碰上一次或二次「典範轉移」，但現在兩、三年就會有天翻地覆的改變，產品的生命週期愈來愈短。

對於企業來說，多角化經營投資新事業要耗費有限的資源（資源永遠是有限的），但對於像荒野保護協會這樣以志工為主體的公益團體來說，人力資源是無限的，愈是多角化，愈能吸引具有不同興趣與專長的人投入生態保育的行動。就現實面來說，因為我們是志工管理志工，志工服務志工，幾乎沒有成本，愈多志工能夠帶給荒野更多會費與收入，以及最重要的社會影響力。

同時，這些多角化的環境行動並不會模糊荒野的目標，以荒野最核心的宗旨——保護自然棲地而言，目前十三個工作委員會所展開的不同行動，絕對都直接或間接和棲地守護有關，而且如同「蝴蝶效應」，我們終究會發現每一個似乎微不足道的努力都將是關鍵而不可或缺的一環。

結論，以企管角度來看，荒野的多角化絕對是優勢，能讓我們在變化莫測的時代中擁有「韌性」，無論典範如何轉移，我們眾多持續在發展的工作小組，總會有一些是足以順勢因應的。

再加上志工的屬性是自由的，不像企業可以強制把資源投入某個領域，唯有讓志工做自己想做或喜歡做的事情，他才會留在團體裡，才會繼續繳年費，讓組織得以存活，以這個現實的角度來說，多角化正是讓荒野得以持續發展的原因啊！

因人設事或因事找人？

多角化的另一優點——綜效，就是隸屬同一集團的各個事業體能截長補短，彼此支援，綜效也就是一加一大於二的意思。

若以荒野保護協會來說，平常各群組有自己的活動、任務或專業，但有需要時，力量可以匯集，形成更大的影響力，就是分進合擊。比如說，自然解說組平常做自然觀察，在全臺灣有近百個長期觀察的定點，這些自然資源豐富的地方也可以提供親子團的參訪活動之用；又或者，環境議題組平常做研究與政策遊說，但必要時，就可以動員荒野所有群組去發動連署上街頭。

若將專注與多角化以生態或農業角度來看，一個是集約式的單一物種，另一個是豐富生物多樣性的多層次食物鏈組成的完整生態系。我們前面講的韌性，就是生物多樣性裡的穩定。

在研習營上課時，我有提到很多人認為「因人設事」是批評的話，但我卻認為，對於公益團體，尤其像是荒野這樣以志工為主體的團體來說，因人設事是發展的關鍵，若以一個較為浪漫「正面」感覺的話來講，「荒野是一個可以讓每個成年彼得潘實現夢想的地方」。這裡的夢想當然不限於荒野理事長或幹部的夢想，而是每個人以自己獨特的方式為這塊土地付出的心願。

因為是自己的心願，荒野的志工並不需要別人督促，不必別人管理，而且會帶有永不止息的熱情，因此所展現的號召力是很動人、很有渲染力的。

以我多年的觀察，剛加入荒野當志工的伙伴，當然是先完成既有的訓練，參加既有的活動（這訓練與活動通常也是前輩們曾經的夢想），直到幾年後，認識很多伙伴之後，假如領航的志工伙伴能慧眼識英雄鼓勵他和給予必要的支援，幫他完成夢想，一方面看好像是提供舞臺給他，但另一方面也是為荒野開拓出一個新的領域，可以讓更多對此領域有興趣的社會大眾投入荒野。

二十六年前，荒野成立後第一個有完整訓練的志工團隊是自然解說組。蘇富美是小學的特教老師，她在荒野成立第四年左右加入，正如同當年很多單身的志工，她每天下班就到協會，幾乎協會所有的活動無役不與，她也當過當年最熱門的思源埡口定點小組長。

有一次某個活動結束後，大伙隨意地亂聊，我忽然聽到她說：「也許明年就不會再來協會了。」我連忙問她：「為什麼？」她回答：「這幾年下來，荒野所有活動都玩過了，而且玩非常多次，也當了很久的幹部，想休息一下。」

我問她：「有沒有妳很想做，但現在荒野還沒有開始做的事情？」

她很快回答我：「我很想帶領有各種障礙的孩子或大人，體驗大自然的美好。」

我立刻回應她：「好，我們立刻來籌備一個小組，號召一些志工來訓練，就專門帶領這些朋友參加活動。」富美一聽，眼睛就亮了，從零開始籌組這個新的工作委員會——荒野特殊教育委員會，辦的訓練稱為「特工坊」，自此她不但繼續在荒野留下來，而且風風火火地發光發熱好多年。

其實，荒野裡所有新產生的事務哪一個不是如此呢？幾乎都要有一個以此為生命職志，為了這個夢想而「獻身」的伙伴，這種至死不悔的奉獻精神，才能感動其他人來「參與」，如此才得以志願者的方式完成一項又一項不可能的任務。

沒有願意「獻身」的人，我怎麼知道荒野會產生哪些事？我是演化論者，相信只要塑造出一個好的環境、好的組織文化，就會吸引好的人才來，在良善的互動氛圍下，這些人才就會創造出原先我們無法設想得到的美好事物。

相反的，因事找人就是相信有一個聰明睿智、高瞻遠矚的領航者，他能預先知道未來會發生什麼事，然後規劃好，再找適合的人來完成他的想像。

當然，對於事務型的後勤支援，或者領薪水的工作人員絕大部分必須是依所需能力與條件找適合的人來完成，但是我這裡所說的「因人設事」是志工系統，尤其是像荒野這樣，以志工為主導的公益團體，絕對是吸引好的人才，然後再讓他「以荒野之名」來行動，是最可長可久的發展之道。

一個小小的心願

荒野有許多不同領域的志工群組，也有各類的專案在進行，除了可以提供舞臺供不同興趣的志工揮灑之外，我們也可以透過不同類型的活動接觸到社會中不同的民眾（這是一個「極度分眾」的時代，已經沒有所謂的大眾媒體，每個人都活在自己的同溫層裡），而且這麼多專案也像是菜單一樣，讓發展程度不一或擁有不同在地資源或特色的分會可以自由參考取用，和企業洽談合作時，也方便他們根據自己屬性挑一些可以一起做的行動。

這些好處現在看起來似乎理所當然，但是荒野保護協會成立後幾年，我在推動過程中一直有資深幹部反對。還好一方面在理性上，我很清楚自己要的是什麼和了解人性的趨勢與未來世界的發展，都是經過思考的，所以能夠堅持；另一方面在情感上，這麼努力地建構舞臺，也來自我內心一個小小的心願。

當初從零開始發展荒野保護協會時，我就知道這將占據我所有業餘時間，我在大學曾經有過類似的經驗。那是一九七〇、八〇年代的臺灣，童軍運動在臺灣處於發展的巔峰，幾乎每個中、小學及大學都有童軍團，但我讀的大學沒有，相形之下，學校似乎有些壓力。

學校透過學弟知道我曾擔任建中行義團的聯隊長（相當於社團社長），於是好幾次拜託我在大學裡創辦童軍團。考慮再三，後來在大四開始籌備，招兵買馬展開訓練，整整一年，在升大五前正式成團，幸好當時年輕有體力，因為童軍如同今日的荒野，是綜合性的社團，有訓練學習、有服務、有活動。

因為有這段經驗，在荒野開始籌備時，我在心裡就暗暗許下一個心願：「我希望荒野是一個所有人都能參加與行動的團體，也就是不管他的年齡、能力與時間，只要他願意以志工無酬的方式為守護臺灣環境而努力，我將盡力提供舞臺給他們。」

情感背後的想法是，如果我只想做點好事，那加入原本就有的環保團體就好了，幹嘛自己成立一個，與其耗盡我的個人資源承擔一大堆行政瑣事，從零開始成立一個團體，那麼這個團體一定必須和別人不一樣，才甘願嘛，於是我就立下了這個內心裡對自己的許諾。

為什麼我那麼看重每一個人的行動，無論如何都想盡辦法讓人當志工，即使再微不足道，都非常珍視，這也是有理論根據的。簡單講，生態保育或環境保護早已成為當代顯學，所有媒體鋪天蓋地時時在談永續（老實說，已經不差荒野一個團體來宣揚保育理念），每個人都認為環保很重要，但是為什麼環境的危機不但沒改善還愈來愈嚴重？

換句話說，從「認知」，知道很重要，到「行動」，願意真的改變生活習慣、改變價值觀，這是一個非常大的鴻溝，我發現唯有當志工的人，也就是願意挺身而出帶領與示範如何行動的人，才是真正會改變的人。

暫且擱下「為什麼志工訓練是荒野最核心的重點」的論述，再回到賣牛肉麵還是排骨麵這個主題，或許有些人被你吸引來吃那出名的牛肉麵，但你永遠無法讓不喜歡吃牛肉麵或因為種種因素無法吃牛肉麵的人來光顧，人的喜好或狀況真的是百百種。

想起一個故事，那是荒野臺北自然解說員訓練第九期的年終旅行時，我和作家陳若曦老師閒聊。

我當理事長的那些年，都要求把我的課排在每個志工群組的最後一堂，我講完後可以同時頒發結訓證書，當年很多群組都是採用兩天一夜的旅行來當結訓，而我也盡量全程參加，在旅行空檔中，可以多聽聽新伙伴的意見。

得知第九期的學員裡有一位心儀已久的大作家，當然要找時間和她聊天。我相信全世界六十幾歲以上的華人，十個人裡起碼有七、八個人知道陳若曦老師。

閒聊時，陳老師說：「結訓後，我可能沒辦法服勤，沒辦法當自然解說員了！」我嚇了一跳，連忙問為什麼？

「我從美國回到臺灣後，住在大安森林公園旁邊，常看到荒野的解說志工帶領民眾認識大安森林公園，很想成為其中的一員，就報名參加這個訓練，但現在才發現，自己年紀大了，記憶力不好，植物的名稱記不得，怎麼和人解說啊？」

哦！原來如此，我提醒陳老師，記不得沒有關係，我們的活動，志工都是團隊合作的，不必人人都要背植物名稱，而且你家在公園旁，剛好可以提供給伙伴聚會之用，對整個定點小組的長遠發展會是穩定的力量。

接著我建議陳老師，荒野有個「鄉土關懷小組」，是專門負責環境議題與政策遊說的，以陳老師的知名度與影響力，參加這一組能發揮最大貢獻，而且老師還能以文章來幫忙荒野對社會大眾宣揚理念，真的不必為記不得植物的名稱而苦惱。

像陳若曦老師的例子在荒野裡很多，也幸虧荒野裡有各種群組，讓人能夠一輩子都悠遊在荒野裡。

願景基金會來訪系列之一：

荒野「以志工為核心」是什麼意思？

已經有很多年沒有代表荒野與來參訪荒野的各類不同單位對談，不管是單純的參訪或洽談合作的可能性。自從卸任荒野理事長後，我的原則是信任且全力支持後續承擔幹部的伙伴，因此除非是現任幹部親自詢問或請託，否則我絕不會插手會務說三道四，只開心地當個鼓掌的人。

即便有些熟識的朋友或單位透過我要找荒野合作，我也只是擔任轉介角色，絕不過問後續處理狀況，但這次聯合報的願景工程基金會不太一樣。

首先，大女兒A寶大學畢業後，曾在還沒獨立成立基金會的聯合報願景工程小組裡工作，這個小組類似報社裡的專題報導單位，只是他們針對——努力讓臺灣更好，讓改變發生為報導主軸，利用主流媒體這個工具，為改變發聲，讓改變發生，與多年來荒野想為臺灣創造的價值一樣。

第二，願景基金會約訪的時間，剛好是荒野新領導團隊改選後不到一個星期，我也想利用這個機會觀察新團隊如何與伙伴社群溝通與促成合作。

這次將近兩小時的訪談中，荒野沒有用影片或投影片來做簡報，因為我想省下這些條列式的成果報告，留下多一點時間和這些資深的媒體人互動，也盼望能從他們的角度與問題回看荒野。

會談首先是由我及理事長依他們預擬的提問，做一個綜合性回答。我先點出荒野最大特色是以志工為本，志工負責決策，志工很多，志工出錢又出力。

但會議後，我稍稍回想對談中的互動，發現單單強調這三點是不夠的，因為從這三點看不出荒野與其他NGO，也就是所有非營利公益團體截然不同的地方。

比如說「志工負責決策」，幾乎所有的協會、基金會的理事長、理監事或董監事都是志工，是不拿酬勞的（有一些較有錢的基金會，董監事開會時會有出席的車馬費），理論上這些人是團體的代表，理當負責決策，所以說，荒野是志工負責決策，說了等於沒說。

另外說「荒野志工很多」，這也是廢話，很多團體都有很多志工，甚至有些網紅一動員，臨時性志工成千上萬出現也不稀奇。第三個說「志工出錢又出力」，在許多團體，尤其宗教團體裡，哪個志工不是出錢又出力？

荒野所謂的志工特色究竟獨特在哪裡？在這次彼此來來往往的問題與說故事之中，出現二句話——由下而上，以及低度管理、高度自律。

荒野常務監事北極熊在去年荒野領航員研習裡曾和我聊到，據他參與過許多國內著名的NGO觀察發現，荒野的志工大概是全臺灣所有公益團體的志工裡，最有自主權與決策權的，這裡的決策權和理監事會或董事會的決策權不同，不是那麼大方向性的，而是展現在由下而上不同範圍與事務，也就是落實在行動的實際執行與活動的規劃，全都是由那個層級的志工全權主導，沒有「上級」來「指導」（或者說命令）你該怎麼做。簡單說，絕大部分團體的志工都是「By order」，只能做「上級」要你做的事，這個上級通常是團體裡領薪水的專職工作人員，不然就是很資深、只負責動嘴的極少數志工幹部。

但荒野不同，每個願意做事的人都可以發揮自己的創意，做自己關心或能夠做的事，你的行動若有人願意追隨著做，你就會是個小組長，若是號召或感動了更多人，從一個小組到兩個小組甚至更多小組，那你就會是群組召集人，若不只是在同一個縣市有很多人願意追隨你做，還願意到其他縣市去分享、去教導其他志工成立小組，等到全國有夠多縣市都有相關的志工組織，就可以成立工作委員會，你則是創始的召集人。

這是所謂由下而上的意思，並不是像其他團體，往往是由一群自認聰明睿智的領導幹部規劃，想像應該有什麼小組，去募款編列預算分配資源，然後才開始找人做這一件事，這是由上而下。相反的，荒野獨特之處是先有發願的志工，才會產生那件事、那個行動小組。

荒野裡的每件事都是志工自己想做的事，才可以低度管理，卻能讓志工充滿熱情，高度自律。荒野裡每一個人都可以創造自己的舞臺，只要這個行動是對環境好，對臺灣的未來好，就能以荒野之名號召伙伴們一起做。當然，這必須在荒野另一個核心文化的條件下——志工可以做任何事，但沒有任何一毛錢，沒有誤餐費，沒有車馬費，不貼補油錢車票，更沒有什麼住宿費等雜支，一概都沒有。

當然，有人會說荒野怎麼這麼不近情理，但選擇這種要人無私奉獻的極端理想性，背後有長遠的思考，欲知後事如何，下回繼續。

願景基金會來訪系列之二：

百年組織的人才與志工發展策略

上文提到不近人情地要志工出錢又出力，高舉極端理想性的無私奉獻，背後著眼的是希望荒野保護協會是個擁有公信力、有影響力的百年組織。

世界的運作是一場無限賽局，因此我希望臺灣能擁有守護環境為宗旨的百年組織，讓一代又一代的志工所努力累積的社會正面影響力，可以持續留給後代子孫。

百年組織最重要的基礎是讓人信任，因此除了會務與決策公開透明、無私心之外，參與志工的素質非常重要，可是要讓對的人可以在組織裡發光發熱，就得建立良好的文化。

一般公益團體的運作大多採取以「有錢的出錢，有力的出力」為原則，因此會有人專責募款或鼓勵社會大眾捐款，然後再招募志工來執行，志工出力，雖然不會拿酬勞，但出任務過程所衍生的支出，比如交通費、便當錢，或者活動過程中的住宿費……由組織編預算支應，似乎也很合理，無可厚非。

為什麼荒野不和其他所有團體一樣，「善待」志工，皆大歡喜？原因很多，姑且舉一、兩個例子簡單說明。

荒野從成立以來，就希望有大量志工，希望創造最大可能性讓社會大眾人人都有機會挺身而出為環境做一點事情，因為我們知道，只有真正行動過、擔任過志工的人，才會真正的改變，不會只是口頭說支持，而是能改變他的價值觀與生活習慣。

這也是為什麼荒野這麼重視志工訓練的原因。我在與願景工程基金會的訪談中，曾舉例說，從荒野創立後，我負責荒野會務前十二年中，經常和各群組召集人與分會長說，你們辦了多盛大的活動，有成千上萬的民眾參加，部長或縣長會出席……我不一定有空去，但只要你們辦志工訓練，即使只有十五個人報名，我也一定到。

我也知道每個民眾關心的議題和興趣、能力與時間都不同，因此要創造各式各樣的舞臺，讓不同屬性的民眾都可以依自己的節奏擔任志工，正如複雜且環環相扣的社會一樣，守護環境必須從社會眾多領域同時努力，所謂分進合擊。

但是，想像一下，荒野有那麼多工作委員會，以及尚未成立委員會的工作小組或難以計數的專案計畫，也就是同一時間全臺灣不同的地方都有許多人以荒野之名在行動著：有人為活動探勘場地，有人正在開會準備公聽會的說帖，有人進行物種調查，有人在溼地清除外來種，有人在社區裡陪伴弱勢孩子……這些都是荒野的志工，若要支應便當錢和交通費，該用什麼標準？若人人有獎又會是難以想像的龐大開銷與無底洞。老祖宗有云：「不患寡而患不均。」只要有人有，有人沒有，分配不公平，就會出問題。相反的，只要是志工身分，不管做什麼事都沒有任何錢可以申請，反而可以留下心志最純粹的好人才。

再舉個對於活動執行細節的小例子來說，假如一場活動編了志工的誤餐費與交通費，就會限於經費而規定只能出幾個志工，負責的伙伴就被迫要去「挑選」志工，難免會增添不必要的紛擾，反之，不管資深志工或資淺志工都一樣，人人沒錢，來幾個人幫忙都沒關係，沒有志工人數的限制，多多益善，因此任何活動都有機會成為志工們互相觀摩學習，甚至相聚聯誼的溫馨時光。

因為荒野志工沒有任何「福利」，甚至在組織文化中，擔任志工幹部也沒有任何「權力」，在這麼「苛刻」環境下還願意持續付出，能留下來的志工一定是熱情、有使命感的人。而且荒野是由下而上自然產生幹部，因此志工能擔任幹部一定是長久以來付出最多，眾望所歸，同時因為出錢又出力，又沒有任何「好處」，也不會有人搶位子占著不放，因此荒野成立近三十年來，任何職務改選時，從來不會出現什麼「黑函」。

但志工出錢又出力，對於荒野這種全國性組織，其實也有缺點。

各個群組都有自己的志工訓練內容，而且幹部必須到各縣市分會講課，南北奔波必須的交通費是一筆負擔，比如有一次與親子教育委員會前任召集人巒大山伙伴聊天，當時是十月，他說當年度（一至十月）他到各地親子團辦的各級訓練上課所買的高鐵票，已經有八萬多元了。

經濟沒有那麼寬裕的伙伴，若擔任荒野大群組的幹部，的確就會有點吃力。我們了解這個限制，但不能為了少數個案而破壞「出錢又出力」的文化，幸好，只要不擔任大群組幹部，只在各地縣市擔任志工就沒有交通費與住宿費的負擔，還是可以為環境貢獻一己之力。

志工出力又出錢還有一個好處，就是荒野只要專心地辦志工訓練「募人」就好了，只要有人，我們就能做事。荒野志工不會也不需要等「上面」批准然後撥經費才開始做事，我們已經習慣在沒有任何資源下做事，這也是我們常常提到的，只要你發心願為臺灣環境做點事，荒野裡有許多志工，就能陪伴著你一起完成夢想。

願景基金會來訪系列之三：

如何圈粉養粉？如何打動人心？

願景基金會的董事與工作人員拜訪荒野前，曾預先擬了一些問題，詢問荒野如何圈粉？（支持荒野的目標對象是誰？）以及如何養粉？也就是如何維繫長期的支持者？包括用什麼主題打動人心？透過哪些活動或方法傳遞維繫打動人心的主題？平常如何與支持者聯繫？支持者如何回饋參與？

最後詢問的是發展策略，詢問荒野對社會最大的貢獻是什麼？在營運上有遇到什麼困難？

針對這些問題，我原先是希望留給理事長或祕書處依實際數據回答，不過我也提供了幾個自己的看法，比如說，對於圈粉這件事，我的看法或許與一般人不太一樣。任何團體似乎都會預先設定自己的目標群眾，然後根據他們的屬性設定行銷策略，也就是期盼精確有效地圈定自己的粉絲。

但我從來不這麼「自我設限」，荒野不會說「歡迎喜歡大自然的朋友來參加我們的活動」或「關心環境的人請來報名我們的志工訓練」，這麼一說，有人會想，我喜歡藝術人文，我關心弱勢……那我就不該參加荒野了，一設定圈的範圍，等同於把絕大部分的民眾劃出去了，我覺得應該說：「只要你還願意住在這塊土地上，或者住在地球上，就應該跟著荒野一起來關心及守護環境。」

環境是所有關心與行動的最大公約數，社會所有的發展，不管產業、文化或生活，都必須植基於一個良好的環境下才得以發展，所以不管是關心任何領域的人，都必須撥出一些心力與資源來關心環境。

我們圈粉的目標對象是地球上所有現在活著的人，以及所有將會出生的未來生命。

在實際執行與運作上，我們珍惜每個荒野遇到的緣分，就是充分利用每個當下接觸到荒野的人，把他變成荒野的志工，讓他去影響周邊的人。換句話說，我的信念是，社會上不管任何領域、任何階層的人，都是守護環境重要而不可或缺的一分子，人人都可以發揮重要而不可替代的力量。

因為人人有責任，我們也不必特別去「養粉」，去維繫或照顧討好那些支持者，我內心的OS是，我和你（支持者）一樣都是社會上平凡的老百姓，我出錢又出力來為環境做事了，為什麼還要花時間去照顧你的情緒？

不過實務上，如果有的志工願意去做志工維繫的服務工作，那也可以，但重要的是，荒野要公開透明無私，也要維持志工奉獻的純粹性，讓每個志工因發心願所輻射出的能量來感動及維繫支持者的持續贊助。

圈粉養粉的核心，還是回到荒野最看重的志工精神。對於一個團體來說，舉辦活動是必須的，議題或目標的選定也是必要的，要藉由這些社會議題的立場，來彰顯自己追求的組織宗旨，但活動短暫會結束，議題也來來去去，組織對社會的貢獻應該不是那些可以量化的數字或具體的豐功偉業，我覺得對社會真正的貢獻是人心的改變，每一個曾經參與過荒野、當過荒野志工所帶給個人的改變，是荒野最大的貢獻。

再強調一次，活動如煙火般閃現又消失，議題也來來去去，在無限賽局中，有再多的成果，不管成功或失敗都會過去，甚至沒有所謂的成功或失敗，因為遊戲還一直在進行，只要還有人類存在，遊戲就沒有結束，既然遊戲還沒玩完，哪來誰輸誰贏？

在無限賽局中，唯一重要的是，確保持續擁有願意為環境行動而投入的人，在一代又一代接棒下，有無數的人願意挺身而出守護環境，守護環境的眼永不止息，這是荒野一直努力的目標，也是荒野的發展策略。

願景基金會來訪系列之四：

荒野志工與專職的分進合擊

這次與願景基金會對談的伙伴是以常務理事為主的志工，談了很多以志工為主軸發展的荒野群組。尤其荒野除了創立時第一批理監事從零開始發展，從第二屆理事至今第十屆，每任的理事絕大部分都是當時志工群組的召集人，尤其常務理事，都是由正在帶兵打仗的志工頭頭擔任。

會立下這個慣例，一則是覺得比較公平，讓最辛苦且承擔最多工作的志工有決策權（有很多NGO是由最資深人員或社會賢達，也就是早已不再帶兵打仗的人或卸任志工幹部擔任理監事），二是這些手握「兵權」的志工頭頭在會議中協調討論，取得共識後，就可以各自號召自己的團隊，配合共識目標一起前進。三是大家在會議中充分討論取得共識，就不會有幹部因不服「中央」的決策，帶領大批志工挑戰中央，造成組織分裂，因為每個手握兵馬的幹部就是中央。

當然，以上這些「考慮」的因素，我沒有在會議中說明，甚至許多荒野老伙伴也不知道背後有這樣的考量，只知道是荒野的慣例。

這次出席願景訪談的常務理事都對來賓分享自己群組裡的小故事。不過有趣的是，或許願景的董事都是資深記者的背景，具有相當的敏銳度，他們問了有關荒野專職工作團隊的角色，如何與志工配合等。

荒野現在大約有六十位全職伙伴及二十來位執行專案的伙伴。工作大約分為三部分，一部分是協助志工做後勤支援以及行政處理事項，另外是對外的窗口，所有電話及公文邀約、民眾意見、會員服務等都是透過祕書處，有的由專職直接處理，有的則轉給相關的志工幹部群組處理，第三項任務是各種專案計畫的執行與控管，這部分比較複雜，也必須由具專業能力的祕書處專職伙伴協同志工來完成。

荒野的志工群組所做的事，絕大部分是由志工發願後創造出來的事務，我稱為「使命型」，這些事項規模也許很大，也許很小，持續時間有的長，有的短，但基本上使命型是義務服務，志工拿不到任何金錢的貼補（就是前面所說的，沒有誤餐費、沒有車票補助，沒有住宿費等）。

但隨著荒野的成長，有能力為社會做更多事，也承擔社會更多期待，就會有很多團體，包括企業、政府部門或其他NGO來找我們合作，這時就會產生必須在一定時間、一定專業要求下，完成某些特定目標的事務，這些事務很多無法由志工依使命感形式（依志工自主的節奏與意願）來完成，而且這些專業合作的事項都會有相對應的經費支持，所以專案計畫的執行就由祕書處來掌控，邀約符合資格的專業人士（可能是非荒野的外部老師，也可能是原本的荒野志工），以有酬勞的方式來完成這些任務。

簡單講，荒野是雙軌進行的，即便一些外人看起來很類似的任務，若是使命型就沒有錢，若是專案型就有錢，有時候同一個志工會同時在荒野裡承擔這兩類型的任務，只要一切公開透明，負責決策的理監事沒有私心，這雙軌制度運作二十多年還很順暢。

我一直期望荒野祕書處能以合理、甚至還不錯的薪資留住以生態保育為終生職志的專職伙伴，但並不太容易。我猜測是，荒野裡有太多志工投入的時間、承擔的任務及帶來的貢獻，也許比部分專職還多，志工沒拿任何一毛錢（而且假如這些志工本身經濟條件也不見得非常好），若是專職拿高薪，恐怕說不太過去。

不過，我還是很期待荒野有能力給專職一個合理的薪資，讓他們能無後顧之憂地工作。

願景基金會來訪系列之五：

荒野如何處理不同的意見？

「你們如何處理志工或幹部之間的不同意見？」這是願景基金會的董事聽了荒野志工幹部說明會務運作情況後的提問。

當時伙伴的回答是，荒野有那麼多來自四面八方的志工，對於各種議題，當然會有不同的看法與立場，我們沒有能力也沒有權力去限制那些伙伴在公開或私下場合所發表的意見，因此對於不友善甚至有點惡意的批評通常是不做公開回應，我們只更加努力做事。但荒野當然也有「官方」的立場，對某些特定議題的支持或反對，一定會在常務理事會透過充分討論後才形成共識。所謂共識就是每個常務理事都一致同意的，共識決的意思是只要有一票反對，就否決或擱置，也就是參與會議的成員人人有否決權。

荒野的常理會盡量採取共識決而不是一般慣用的多數決（以投票表決，多數票為決議），有兩個主要考量。

首先是常理會的成員都是荒野裡出錢又出力、無私奉獻多年的志工（荒野的幹部是由下而上，通常必須經歷小組、群組到工作委員會召集人，一路歷練，受支持且風評很好的伙伴），如果一個議案有伙伴還有疑慮，我們寧可暫時先擱置，等待規劃得更清楚，或思考得更周全時，再來執行。

第二是，任何議案若沒有辦法說服多年併肩作戰的好伙伴，而必須透過表決以多數決強行通過，這種情況若一次又一次地發生，會埋下往後團體分裂的種子。

荒野成立後沒多久，我就體會到生態保育是一場無限賽局的挑戰，因此形塑可長可久的組織是念茲在茲的努力方向。無限賽局的特點是不爭一時的輸贏，也不需要英雄般的領導者，需要的是好的組織文化以及相搭配的組織制度，若以正面表列來說，必須建立許多良好的文化（組織的潛規則），從負面表列來看，也必須積極避開讓組織分裂的原因。

組織會分裂主要原因有二，一是分配不均，二是路線不同。

任何組織剛成立沒有任何資源時都不會有問題，等到組織有知名度擁有愈來愈多資源，核心幹部就會為如何分配資源而鬧內鬨，最後產生分裂。

為了避免搶資源的分裂，荒野對於經費使用是絕對的公開透明，以極端的理想性來要求志工幹部，有權力決策的人不能從荒野支領經費或承接專案。

至於路線不同，表面看得到的，就是決策核心採共識決，也就是必須全體同意，但另有一個看不到的文化（潛規則）是，你不要去制止、命令或評價其他伙伴所採取的行動，這個潛規則有點像荒野的圈護概念。

所謂不要評價或限制其他伙伴的行動，我舉個例子說明。假如有一個重大的議題處在關鍵時刻，需要動員人到立法院表達意見或展示群眾的力量，這時關心議題的伙伴不能批評說，你們帶民眾看花花草草不重要，應該來做我這件事才對，或者說，你們群組有很多家長和孩子，就用組織的力量要求團隊把人都帶過來。

我們不能命令或評價別人所做的事，但是你能以實際的行動感動別人，讓別人自動自發追隨你。

守護環境沒有誰的行動比較重要或是誰的關懷是無足輕重的，只要願意行動，任何行動都有可能在現在或未來，在我們想像不到的地方發揮它的影響力。

願景的伙伴在訪談中問我們：「什麼是圈護？圈護後到底是管它還是不管它？」

在荒野宗旨裡提到，我們透過各種方法來圈護自然棲息地，圈護對荒野而言，的確是個很有深意的名詞。

自然棲息地的圈護是管也是不管。管的原因是，一塊棲息地可能被開發、被人倒廢土及垃圾，可能有外來種入侵……所以必須人為介入去確保它不被破壞。但當我們擁有管理權之後，也只是確保它不被干擾，然後讓這塊棲息地保持原樣，依生物演替原則，維持本來豐富繽紛的自然原貌。

對於荒野保護協會這個人為組織，我們也是採取圈護的概念，志工幹部與祕書處要確保以荒野之名的任何守護行動都不會被干擾，以公平對待的方式讓所有伙伴都可以自由自在地悠遊在荒野裡。

不去干擾，只確保這個場域不被其他外力干擾，然後，「四時行焉，百物生焉，天何言哉，天何言哉！」這是孔子的感嘆，也是我們心目中的荒野原貌。

PART

3

荒野行者的足跡

——伙伴、志工與永續社群

為自己取一個自然名

荒野保護協會的志工每個人都必須以大自然的生物或現象來為自己命名，志工們彼此就以自然名互稱，往往大伙上山下海籌備活動多年，彼此熟悉得不得了，卻不知道對方身分證上的名字。

這些年因為通訊軟體 Line 流行，每個人只有一個帳戶名，荒野的志工為了讓伙伴們知道是誰，往往會在帳戶名稱標註自己的自然名。我應邀到各地演講和主辦人聊天時，常遇到他們提起誰誰是荒野志工，他們之所以知道，是因為好奇為何 Line 的名字很奇特，詢問下才知道，原來荒野有這麼一個傳統。

這個傳統從荒野一成立就開始，首先是當作志工訓練裡的一項作業，要去找出一種自然界的生物和自己內在的本性相合，或是自己喜歡、與自己有緣分的自然名，透過這項作業，一方面藉此讓每個人有機會找到自己與自然的連結點，另一方面，這也是很多原住民部落的命名習慣，只是文明演進過程中，人的生活與自然生命愈來愈疏遠，名字逐漸脫離這些與日常生活密切相關的事物。

命名這件事，自古以來就是很慎重的，除了別人不斷以此來稱呼你，名字所代表的意象也會影響別人對你的認知，再加上長期不斷地自己書寫，別人叫你，這是種催眠，對潛意識是有很大影響的。

雖然莎士比亞的戲劇裡有句對白：「即便玫瑰不叫做玫瑰，它還是一樣的芬芳！」這是勵志的話語，勵志的意思通常是一種期待，而不是事實，因為一個字的字型或意義，真的會影響我們對它的感覺。

帶領民眾做自然觀察時，看到任何東西，幾乎所有人第一個問題，甚至唯一的問題，就是問：「它叫什麼名字？」雖然我們在解說時，常會提醒民眾它叫「張三李四王五」都不重要，只要仔細觀察它長得如何？它長在什麼地方？它與周邊生物與環境的關係如何？我們的提醒是希望大家要了解它的本質，不要只想知道名字，就像考試想追求標準答案，當我們以為知道答案，所有的學習就會停止。

其實我們這樣的說法是有問題的，雖然不能說是錯的，但不管這東西叫什麼名字是違反大腦認知學習的步驟與結構。

我們學習任何新事物或概念時，一定要將這個新東西找到和原先已熟悉了解的事物連結點，換句話說，我們必須將它分類擺在某個既有的知識架構中，它才能被記憶，而名字就是給一個標籤、一個分類，沒有這個起始點，所有東西是進不到大腦裡的，就算記了一切，少了名字，以後也無法提取，就像資料存檔一定要給個檔名，沒有檔名，以後是找不到的。

而且自古以來，在人類的集體潛意識中，名字代表一個人的本質，因此有所謂「名諱」，不能直呼人的名，極端一點，中國歷代帝王取了什麼名字，全國的老百姓從此就不能再書寫或使用這個字，搞到後來，皇帝為了避免擾民，甚至造成文化傳遞的障礙，取的名字都非常冷僻，甚至自創文字，確保不會造成大家生活上的不便。

古代小說或傳說故事中，也不斷出現如此情節，我們以外號、以別名行走於世間，極力隱瞞自己的真名，只有對自己完全信賴的人才會透露，因為知道一個人的名字就可以操控他。

古代巫醫或現今道士作法總會畫符，認為符具有神聖的力量，或是召喚神靈、鎮壓鬼怪。畫符，到底在畫什麼？其實就是以古代的字體書寫鬼神的真名，因為知道鬼神的真名，就可以知道它們的本質，就可以操控它們。

是的，巫師終其一生就是在尋找事物的名字，和自然觀察家一樣。

荒野自然名的由來及自然解說員訓練的演進

荒野的志工絕大部分都有個自然名，很多非荒野人聽著伙伴彼此以動植物或各種自然現象來互稱，覺得非常有趣，而荒野伙伴也會好奇，究竟要求荒野志工取自然名的由來是什麼？荒野裡也有一些略有出入的版本流傳著。

最近擔任了二十多年監事的老伙伴梁博淞老師重提這個話題，於是我花了二天，除了詢問十多位早期荒野解說員作口述歷史（從第一期到第五期），也翻查了荒野從籌備到成立後頭五年所出版的所有刊物，大概拼湊出一個較為完整的脈絡。

這個概念最早起源可以追溯兩本書和一部電影。

一本是徐仁修老師所寫的《赤道無風》，另一本是描述美洲印地安原住民生活的《少年小樹之歌》，一部電影是美國影星凱文．科斯納（Kevin Costner）主演的

《與狼共舞》。

《與狼共舞》描述一位在美國南北戰爭受傷後，被派駐到西部邊疆駐守的軍官，與原住民交上朋友，最後與他們並肩對抗白人的侵略，與狼共舞就是原住民給凱文．科斯納取的名字，因為原住民曾觀察到凱文與狼追逐嬉戲的樣子，很像和狼在跳舞。

電影在當年非常賣座，上映時間是荒野成立前不久，幾乎每個早期的伙伴都看過，因此知道原住民取名字會呼應那個人和自然生命互動的因緣。

荒野一九九五年六月成立，一成立就接連辦了幾場對社會大眾開放的自然體驗活動及大型的系列演講，忙到十月才開始準備開辦第一期自然解說員訓練。

同一個時期也在協會地下室的小空間開始舉辦「週四荒野見」的小型演講或分享會，這個演講沒有編列講師費，原則上是邀請有專長的志工來分享，這個傳統持續到現在。

當時就以這麼高的頻率舉辦固定的演講，有幾個用意，一個是創造發表的舞臺，讓荒野志工有練習與成長的機會，另一個是希望志工不只是到協會來開會，而是聽完伙伴分享（可以加深認識伙伴），演講後留下來繼續開會。選週四也是有用意的，若是假日要辦活動，志工週四晚上來開會，做個最後確認或準備器材，時間剛剛好，而且週四晚上的交通比較不會塞車。

荒野成立頭兩年「週四荒野見」的講師，大多是由我邀請，所以會全程參加，每個月我會安排一場讀書討論會，推薦一些好書，讓伙伴共讀。

一九九六年一月討論徐仁修老師寫的《赤道無風》，由理事包念澄老師主持；一九九六年二月討論《少年小樹之歌》，徐仁修老師主持。這兩場討論中，都有提到原住民用自然來命名的習慣，不只是《少年小樹之歌》裡的主角小樹呼應了與狼共舞，徐老師也以他的經驗來分享，因為他曾參與臺灣農耕隊到菲律賓、尼加拉瓜等地（農耕隊是臺灣當年很重要的外交方式），認識了很多不同國家的原住民，知道他們都有用自然來命名的習慣。

原住民至今仍能和大自然保持良好的互動，荒野探索人和自然如何保持平衡，原住民的古老智慧是很值得我們學習的，因此，徐老師開始鼓勵伙伴們從為自己取一個自然名開始。

但鼓勵歸鼓勵，頭幾年伙伴真的為自己取自然名的人並不多，據擔任荒野第一屆理事、負責荒野自然解說員訓練的包念澄老師回憶，直到一九九八年九月離開臺灣到蘭嶼任教之前，她自己都還沒有取自然名。

不過到了一九九九年上半年結訓的第四期解說員已經有不少人有自然名了，據四期的陳紅雲教官回憶，當時她們還曾在協會的地下室分享與介紹自己的自然名。

不過真正的關鍵因素是從第五期解說員訓練開始，將為自己取自然名列為作業。荒野志工訓練的蛻變也從自然解說員訓練第五期及第六期開始。

話說荒野籌備與草創的那批志工真的非常忙，除了要自我學習，協助荒野的行政會務與理念推廣，參與並舉辦各種活動，從規劃討論、探勘到執行，人人身兼多職，因此頭四年辦的解說員訓練只能如同當時臺灣蓬勃發展的自然解說課程一般（許多社團與國家公園都有辦），規劃室內課、戶外課，然後邀請講師，上課時負責點名，最後計算出缺席時數是否符合結訓標準。

但辦了四期後，我們發現參加的學員除非特別熱心，或者與第一批志工特別投緣或有特殊淵源，不然往往只是來上課，學員的互動及與荒野老伙伴之間的連結不夠，因此很容易流失，沒有足夠的拉力讓他們持續留在荒野變成長期志工。

我曾與老幹部開了好幾次會，第五期開始引入大量的小組輔導員制度，並且開始有了作業，不管是室內課或戶外課，都會預留小組時間，讓小組輔導員帶著小組成員一起討論，除了個人作業外，偶爾還有小組要共同完成的作業。這麼一來，參加訓練的新伙伴一定能認識幾位擔任輔導員的老伙伴，大家在完成共同作業時彼此能更熟悉，連結性愈強，對荒野的向心力就愈強，留下來持續參與荒野當志工的比例就更高了。

自然名就是在第五期開始有規定作業時導入，從此，每個荒野的解說員一定有自然名，沒完成這個作業就沒辦法結訓受證。第五期的訓練成效非常好，可以說是荒野志工訓練蛻變的開始，到了第六期才完成整個過程，其中要歸功於三個人——沈振中（自然名是眾所皆知的老鷹）、許中光與蔡月美。

蔡月美是我當年在童軍二十二團和我一起擔任團長的伙伴，許中光是心理輔導與諮商專家，沈振中是基隆鳥會創辦人，雖然他一生職志是守護老鷹，但對自我覺察、深層生態學、人在自然中的修行都頗有心得，因此第六期解說員的課程就開始融入這些「內觀」的心靈層次及心理諮商的技巧，從過往以外在知識為主的課程安排，多了自我覺察與療癒的精神。

第六期解說員訓練正風風火火地進行時，荒野親子團也正在籌備中（當時只有規劃炫蜂這個階段），親子團創辦人林耀國常務理事特別商請老鷹來協助親子團導引員的課程規劃，老鷹在那幾年花了非常多時間引導著伙伴向大自然學習，也奠定今天荒野保護協會非常有特色的志工訓練的基礎。

荒野三十年的成長有非常多伙伴投入，謝謝大家的奉獻，荒野也因匯聚每個人的心力與汗水，而更加茁壯且豐富。

百年組織基業長青

荒野保護協會二〇二二年五月選完第十屆會員代表，六月底召開的會員代表大會將選出第十屆理監事，這屆幹部要帶領荒野邁入三十週年。

從荒野創立的第一批幹部開始，我們有計畫地在每屆幹部改選時都會引進一些新伙伴，這麼一屆一屆地讓出舞臺，到了第十屆總算當年創會及第一年就加入的志工幹部全部退出常務理事會，盤點第十屆可能接手的幹部，大概都是五十歲上下，荒野志工資歷十五年左右的伙伴。

因為算是整個世代的交替，我在這三年荒野舉辦的各群組志工幹部訓練時，總是會特別強調無限賽局的概念與建構百年組織的期待。

看過太多的組織，不管是企業或民間團體，當出現某個傑出的領導人，或剛好有一批熱情的幹部，這個團體可能會風風火火地發揮影響力，但是三年、五年，乃至十來年後，這個領導人下臺或退休，往往整個組織就此沒落。

若是商業團體因競爭或時代變遷而有所變動，那是很正常的，但假如是來自善意捐款的公益團體，因幹部的變動而失去影響力，就是整個社會的損失了。

三十年來，荒野保護協會最重視的就是志工訓練了，透過各種方法讓獨特的荒野文化能夠一代一代傳承下去。

最近聽了管理學大師詹姆・柯林斯（James Collins）的演講，頗有同感。柯林斯這一輩子最關注的議題就是：為什麼有些公司能夠如此恆久卓越？而有些卻不能？

他寫了好幾本暢銷全世界的管理學經典著作，如《基業長青》、《從A到A+》等，其中有一本談非營利組織的《從A到A+的社會》，他認為只有卓越的非營利組織才能催生出卓越的社會，多年前我曾就這本書到一些公益團體導讀分享。

二〇二二年三月柯林斯來臺灣演講，內容是講他的書《恆久卓越的修煉》，分為有紀律的組織成員、有紀律的思考，最後是有紀律的行動。

有紀律的幹部必須是第五級領導者，結合了謙遜和堅定的意志。這裡的謙遜是指儘管有強烈的信心與意志，但是這些信心無關於個人（不是英雄主義式領導者），而是以創造偉大組織為唯一考量。

另一點是我二十多年來看他的書印象最深，也深深認同的——找對的人上車，並把正確的人安排在正確的位置上，甚至不需要知道這輛車子要開去哪裡，因為對的人會想出如何把它開到一個很棒的地方。的確，在非營利組織，找對的人正是重中之重，只要人對，你就放手讓他去發揮，這和傳統企管的概念是相反的，一般組織是我們想做什麼事，然後找適合的人來做（一個蘿蔔一個坑），但柯林斯談的是「因人設事」，只要他是對的人，就讓他做想做的事，也就是「有這個人，才產生這些事」。

第二階段所謂有紀律的思考，包括了三個原則。

首先是擁抱兼容並蓄。他們不會用「或」（or）來自我設限，而是兼顧「與」（and）的方法，就是想辦法兼顧似乎兩個相反方向的目標，這也是我向來的行事準則：「爭一時也要爭千秋」。

第二個原則是面對殘酷的現實，就是要有危機意識，第三個原則是他在過去幾本書強調的刺蝟原則——釐清你最熱愛什麼？你在哪方面最頂尖？以及你的經濟引擎如何驅動？然後根據這些思考來制定一系列的決策。

最後一個階段是有紀律的行動。

柯林斯在過去的書裡也提出「飛輪」理論，我們必須用盡許多方法不斷累積動能才能啟動飛輪，一旦推動，飛輪就會有個力量往前行，因此有紀律的行動第一步就是來自良好的決策加上良好執行力所啟動；第二個原則是「二十哩行軍」，想像要穿越沙漠，我們有兩種方法，一種是在好天氣時一天跑五十哩，天氣不好就停下來休息；另一種方法是無論天氣好壞，每天都行軍二十哩。

他主張要穩定，無論有多少事情不在我們的控制範圍，還是要想辦法做到一樣的穩定，因此平常就要求在無序中加強秩序，在混亂中強加紀律。

最後，柯林斯主張做到穩定之後，還要思考如何做到創新，他建議先射子彈，再射砲彈，就是先小規模驗證創新概念，再擴大規模。

柯林斯長期研究全世界頂尖的公司，發現幾十年前規模排入全世界五百大的企業中，只有百分之十五至今仍存在，換句話說，即使五、六十年前規模大到很難想像的企業，卻有百分之八十五現在已消失。

他研究這些殞落的組織發現主要有幾個原因，首先是他們喪失了創立初期為了生存而不斷保持警戒的狀態，也就是變得自大又官僚。

再來是企業必須建立起正確的機制，讓企業的成功不是因為某位領導者或某個想法，柯林斯用一個有趣的比喻：「多造鐘，少報時」。

最後是保持核心，但要持續受刺激而進步；保持一套永恆的核心價值觀和宗旨，同時，也要擁有不斷進步的動力——改變、改進、創新和更新。

組織要基業長青，經歷多次世代交替後，仍然蓬勃發展，絕不是單單靠一位偉大的領導人、偉大的創意或計畫，而是來自於組織裡所有人都共同認可的核心價值與可以激勵我們不斷努力的夢想，同時能夠回應時代變遷，願意無止境地追求創新與進步。

荒野領航員培訓營行前感想之一：

生態保育是場無限賽局的運動

多年來和荒野的伙伴談荒野的策略與文化時，偶爾會提到，不管我們多麼努力，環境保護是永遠無法成功也無法達成的目標，換句話說，生態保育終究是條漫長無止盡、永遠無法抵達終點的努力。

因為我們有如此的體認，荒野才做出不同的選擇，採取不同的策略，形成現在的文化。

往往限於時間的關係，說這些話時我通常沒有進一步解釋，也不知道伙伴們是否能有和我一樣的體認。最近看了賽門．西奈克（Simon O. Sinek）所寫的《無限賽局》，想到剛好可以用企管領域的賽局理論來談談這個觀點。

只要有至少兩位玩家，賽局就能成立，賽局分為有限賽局與無限賽局。有限賽局中，有既定、已知的玩家，以及固定的規則，大家事前有共識，達到某個目標後，賽局就結束。

相反的，無限賽局的玩家有些已知，有些未知，沒有明確或事先同意的規則，更重要的是，無限賽局沒有時間限制，沒有終點線，沒有真正的結束，也不會有人真正「贏得」一場無限賽局。無限賽局的核心特徵是不停地玩下去，讓賽局持續下去。

有限賽局中，時間一到，賽局就結束，產生贏家和輸家；無限賽局不同，賽局本身會持續，但玩家的時間會用完，而且無限賽局沒有所謂輸贏，玩家一旦耗盡資源，或喪失玩下去的意志，就會退出賽局。因此，面對無限賽局，就不該以誰最厲害，誰是贏家來思考，而是著眼在建立強健的組織，能夠延續到未來的世代。

生態保育的努力是無限賽局，當下荒野的領航員再努力、再天縱英明，也沒有辦法說我們保護了多少森林河流、制定多少法律，從此就萬世太平了。新的世代不斷出生，環境不斷變動，每個世代都必須找到人和自然、人和環境相處的方式，每個世代也會遭遇獨特的環境問題必須解決，因此只要還有人類存活在地球上，這個賽局就不會結束。

有限思維的領航員會用當下組織的一切成果來證明自己多厲害，突顯自己的價值，但是無限思維的領航員則是付出自己的一切來增加組織的價值與確保組織長期存在，如此才能帶給未來世代最大的福祉。

西奈克提醒有限賽局很誘人，令人興奮，也會令人上癮，就像賭博，每一次勝利，每一次進球，大腦都會釋放多巴胺，鼓勵我們重複同樣的行為模式，專注在有限的目標比專注於無限未來的願景要容易多了，也更容易獲得掌聲和有形或無形的獎賞。

採取有限思維或無限思維會讓組織與我們個人踏上完全不同的旅程。採取有限思維的旅程，可能會贏，可能會輸，當領航員離去，組織是否還能健全且有影響力的存在？獲勝的快樂很短暫，但無限思維的領航員是為了信念，為了比自己更遠大的理想而努力，我們知道不管輸贏，無限賽局一直在進行中，我們付出的每份心力、滴下的每滴汗水，都將會帶領組織往前邁進一點點，而每個進展也會讓我們更清楚未來的可能性，而激勵我們不斷前進。

西奈克提到想要以無限思維領導，要具備五項條件，分別是：

一、推動一個崇高的信念。
二、建立信任的團隊。
三、研究可敬的對手。
四、準備好攸關存亡的應變。
五、展現領導者的勇氣。

每項條件西奈克都舉了不少例子詳細說明，在此就不贅述，有興趣大家可以自己找書來看。

荒野領航員是選擇無限賽局思維的領導者，這表示我們會為了比自己更偉大的信念而努力，我們會把擁有相同願景的人視為伙伴，建立互信關係，一起推動共同的信念。

荒野領航員培訓營行前感想之二：崇高的信念與清晰的願景

千禧年前後，荒野的理監事們開了好幾次共識營，除了以企管的角度分析荒野的優勢、劣勢、機會與威脅四個構面外，還擬定了荒野的願景。

賽門．西奈克所指的崇高信念與荒野的宗旨及願景有點像，他認為崇高的信念是關於未來，它指出我們將前往的方向，描述一個我們希望生活的世界，一個我們願意努力打造的世界。

崇高的信念指的是一個尚不存在的具體願景，這是一份邀請，邀請大家加入荒野，一起推動比自己更偉大的願景，願意加入的人不是要得到什麼，而是想盡一己之力來付出，這個一開始吸引伙伴的理念會在行動中逐漸變成自身的信念。要注意的是，之所以稱為「願景」，是因為它必須是「看得見」的，能描繪出具體畫面，說明這願景將會產生什麼樣的影響，而這個美好的世界究竟會是什麼樣子。更重要的是，這個信念與願景是我們支持並相信的事物，而不是我們對抗或反抗的事物。

通常會參加環保團體的人，大多對當下的社會有些意見或不滿，想改變或反對某些既存現象，因此領導者能夠很輕易地號召人們反對某些議題，或煽動人們恐懼、憤怒的情緒來激起狂熱，但相反的，真正崇高的信念必須超越當下的議題，雖然「對抗」容易引起關注，但這是有限賽局的爭勝負思考，無限思維是要把注意力放在打造美好的未來，讓人覺得被鼓舞、被啟發，以充滿希望的態度點燃熱情。

當然，採無限思維的組織也要用清晰的語言把信念寫下來，寫成文字才能不斷推廣並流傳下去，持續啟發之後的世代，書面的文字可以防止混淆或分歧，特別是對於不在現場的人。

化為文字的信念就像羅盤，每個從現在到未來的領航員就能拿著這個羅盤，航向未來，航向共同的願景。

從環境行動到環境運動
——兼談荒野所謂的「由下而上」

荒野的環境行動論壇已經舉行十屆了，我連續好幾屆應邀擔任評審，若是時間允許，盡量全程參與兩天的活動，有很多空檔和伙伴們聊天，同時也感受到大家對環境的關懷與付諸行動的決心。

在論壇分享的團隊，不管是少年組、青年組到成年組，都是一小群人，看到周遭環境還有待改善的地方，而且自己似乎可以盡點心力，就自發地尋找方法來設法解決，經過一段時間的行動，再把這些經驗彙整，來到論壇分享，也讓其他環境行動者彼此可以觀摩學習。

所有的行動一定是來自於一個人或少數人的起心動念，念頭的產生就像是撒下一粒種子，只要持續行動，總會成長茁壯，甚至因為這個善念與願力而吸引更多人的參與投入，最後終將蔚然成林，就像滴涓之水成滂沱巨流。

換句話說，每個環境行動都有可能變成環境運動。行動的發生時間很短，影響層面小，而運動是種長期且全面的改變。我覺得這幾年來在環境行動論壇發表的行動，很多都有潛力發展成運動，只要當初發心願的伙伴願意持續投入，影響並感動周邊的伙伴一起參與，當參與的人多了，就是環境運動。

我和荒野伙伴或社會大眾介紹荒野的文化與特色時，經常提到荒野是個「由下而上」的組織，這個環境行動到環境運動的發展，也是由下而上的例子。

荒野的志工組織以「工作委員會」為長期編組，每個委員會都有自己的目標與志工訓練課程，但荒野十多個委員會並不是「由某個幹部說：荒野應該做這件事，而後指派一群志工，撥下經費，然後開始發展與建構課程與活動內容」。這種方式是由上而下。

荒野是採用由下而上，也就是一群人想做某件事，然後號召更多人一起參與，等到參與的人多了，才自然而然形成工作委員會。由上而下或由下而上，並沒有說哪一種比較好，而是看不同領域與需求採用不同的做法。

荒野的志工體系目前採取由下而上，我覺得最大好處是可以展現志工的熱情，因為所有事情都是志工發願要做的，可以「低度管理、高度自律」，這種由下而上，也是我們常說的——「搭舞臺讓志工發揮」、「荒野只要構築一個良好的文化與氛圍，讓志工自由自在地在此實現自己的夢想」。

荒野的所有志工體系都是志工發出善願地投入與奉獻，因此荒野的志工即使沒有任何車馬費、便當錢、交通補貼，仍能持續不斷長期投入，這是最大原因。假想另一種情況，若是事情的發生來自於上面資深幹部想做什麼事，然後要志工一個命令、一個動作聽指揮完成這些「上面」認為重要的事，恐怕志工的熱情很難持續下去。

在行動論壇裡，從少年組、青少年組到成年組，都有機會演變成長期的志工小組，甚至成長為工作委員會的潛力，盼望這些行動的小苗能在荒野裡持續成長茁壯，並終將長成一片樹林。

為何拯救荒野，要從拯救荒心做起？
——回應山嵐伙伴的提問

二〇二二年三月三日有一則媒體專訪，他們下的標題是「拯救荒野，先拯救荒涼的人心」，桃園分會山嵐伙伴看了之後，詢問我「有何計畫方案」，我猜想或許其他伙伴也對「荒野與荒心」的思考角度有些好奇，我在此將這個標題的來源與我的想法做個整理，供大家討論。

這個標題最早出現應該是荒野成立第二、三年左右，我接受媒體採訪時所說，而他們用來做為標題，從此我在荒野內部的志工訓練也會提到這個概念，通常會搭配美國前副總統高爾（Albert Arnold Gore, Jr.）在一九九二年擔任參議員出席地球高峰會時所說的一段話：「什麼地方，人的精神被踐踏了，生態環境便蒙災難；

什麼地方，人感到無力時，生態環境便蒙災難；什麼地方，人活著感受不到生命的意義和目的時，生態環境便蒙災難。換句話說，人蒙受痛苦時，生態環境便蒙災難。」

的確，會破壞自然荒野生態環境的主要是人類，因此要確保環境的永續，當然也要從人心的改變著手。

道理很簡單，大家也不會反對，但要怎麼做才能改變人心？說人心太抽象了，我把它具體定義成：改變人心就是改變價值觀。從社會國家來說，就是改變法律制度；從個人來講，就是改變生活習慣。想清楚這一點後，下一個問題就是如何改變人的生活習慣？當有足夠的人以行動來呈現新的價值選擇時，社會國家的法律與施政才有機會隨之而改變。

因此，荒野的努力就聚焦在如何讓人真正的改變？通常我在志工訓練時，若時間充足，我會舉很多有趣的例子來說明，在此略過，只講結論——一個人只有當志工，開始挺身而出告訴周邊的親朋好友與同事，該怎麼保護環境時，他才會真正的改變，至於其他「被環境教育」的對象，通常只是認同，但不一定會改變。

這也是荒野為什麼那麼重視志工訓練的原因，用盡各種方式，創造各種舞臺，讓民眾有機會當志工。

若問我「有何計畫方案」，荒野保護協會這三十年來的發展和臺灣其他環保團體都不一樣，就是我們非常努力地實踐計畫的結果，荒野能長成如今的模樣，擁有這麼多熱情的志工，影響力逐漸從個人往外擴散，就是無數「計畫方案」的開展啊！

在領航員研習營時，我曾分析過政府、企業與民間團體三者的不同，荒野成立以來的潛規則是「超越政黨政治、不選邊站」，因此對幹部要求是不談政治，不批評也不支持任何特定政黨。

為什麼？政黨關心的是當下，而荒野看重的是未來，兩者立場不同。

政黨的任務只有兩個——選舉，必須討好當下的選民；執政，分配當下能掌握的資源。荒野關注的領域，若沒有違反政黨這兩大利益，就能獲得他們支持或配合，但若和選民或政黨特定派系的利益有衝突，荒野的訴求當然就會被放棄。

其實在荒野守護上，政府擁有最大的權力與資源，但政府要選票，當民眾不願意為了未來而付出現在的代價時，政府不敢得罪此時此刻握有選票的民眾。

至於企業，比公益團體有錢多了，若能獲得企業的支持，的確也可以由民間自主守護一些棲地。但企業必須為股東賺錢，即便現在「企業社會責任」的趨勢下，的確讓企業願意捐錢給民間團體，但企業是很精明的，捐錢也會看是否對形象有加分，所以想做事的公益團體需要很努力。

民間團體沒有政府的權力，也沒有企業的資源，唯一有的就是熱情的志工，而且志工就是民眾，也是企業與政府的成員，志工也是擁有選票的選民，若是志工人數夠多，也可以從內部改變企業與政府。

這種「從堡壘內部」突破，正是荒野保護協會的策略，也是如此致力於扎根社區，發展親子團（挾孩子以令父母、祖父母）的原因。

發展組織是辛苦的，讓民眾變成挺身而出的志工也非常不容易，但我們始終認為「最困難的路，也許是唯一可行的路」。

荒野過去二十多年來，匯聚了志工難以計數的善意與行動力，未來如何在目前基礎上，發揮真正的影響力，必須靠著大家的思考與討論，一棒接著一棒，邁向百年組織！

悠遊在荒野

每次看著一群一群荒野伙伴與奮地開會討論，熱情地籌備各種不同的荒野義工訓練梯隊，當費盡心血的招生簡章出爐，我總會有一種在曠野中呼喚的感覺。

沒錯，是呼喚，更確切的形容，是召喚。

我們試圖在廣漠喧嚷的世界中呼喚，尋求同伴，讓彼此覺得不孤單以及相互取暖，得到足夠的動力堅定地往前走去。

每當訓練結束，聽著新伙伴的分享，在那些充滿感動與喜悅的話語中，我腦海裡總會浮起傑克．倫敦（Jack London）在《野性的呼喚》中的主角大狼狗巴克。在阿拉斯加的雪地裡，牠聽見了一聲聲的呼喚，彷彿叫醒了牠生命本能深處的某種悸動，牠血液加速起來，牠想跟著那些熟悉的聲音去一探究竟。

來自荒野的呼喚，來自生命源頭的呼喚。

親愛的朋友，您傾聽了嗎？您回應了嗎？

這麼多年，來看到數以千計的荒野伙伴回應了這種呼喚，我看到，也確定，如果你回應了內心的召喚，而且這召喚是對別人有好處、是為了公益與理想付出，那麼，不要管夠不夠聰明能幹，有沒有錢，有沒有知名度，勇敢跨出第一步，回應這召喚，放手去做，其他需要的東西，上天必然會給你。

因為有愛，因為有願，一個人就能發揮想像不到的巨大力量。

常常喜歡以「悠遊在荒野裡的豐富」來形容荒野的多元化，鼓勵伙伴在荒野裡找到自己可以自在發揮所長的舞臺。因此，荒野裡有十多個工作委員會，有十多種不同的義工訓練，有百來個次團體，還有社團中的社團，有許多不同種類的「外圍組織」。

刻意營造及鼓勵各種多元的次團體與文化，算是臺灣生態保育社團中比較特別的，之所以如此，是根據於我們認為唯有臺灣每一個人，不管什麼職業、年齡，大家都能為環境付出實際的行動，臺灣的未來才會有希望。因此，為了碰觸到那不同年紀、不同興趣、不同領域的人，只有從多管道同時切入，才能接觸及匯集所有階層的民眾。

荒野賜給我神奇的力量

早年的荒野伙伴流行著一句通關密語——荒野賜給我神奇的力量。

這句話由花蓮分會麗娜伙伴首創，並常常在自然解說時帶領民眾呼喊，荒野三週年會時，由古煥森醫師代表花蓮分會做專題演講時，曾帶著荒野伙伴呼喊。從此，在荒野總會與各分會就流傳開來了。

這句話是改編自「神力女超人」卡通片，片中主角每遇困境強敵時，就一手高舉著寶劍向上天呼喊：「天神！請賜給我神奇的力量！」片中主角往往這麼一呼喊之後，真的就脱胎換骨般重新振奮起來，迎向挑戰！

隔了多年，重新又想起這句通關密語，實在是有感而發，在許多荒野伙伴身上，我真的一次又一次看到荒野賜給伙伴們神奇的改變力量！

這裡講的荒野，包括兩個意涵，一個是組織，由伙伴情誼匯聚成的荒野；另一個意涵是自然荒野，是生命源頭的荒野。

在情誼荒野中，每次面對挑戰、面對任務，大伙總像是大家庭辦喜事一樣的心情，只要彼此一吆喝、一湊手，就算是再難的事也敢去動一動，就是這樣彼此相挺，彼此互相支援、互相打氣，大家都勇於一試，在一次又一次的實踐中，大家的能力都增強了，驗證了一句俚俗：「天才不敢越過的深淵，傻子笑笑一躍而過！」

常覺得荒野伙伴是幸福的，除了得以享有伙伴情誼的滋潤外，有更多機會在自然荒野行走，吸收來自宇宙生命的能量。沒錯，除了在森林中、在溪谷中，自然的芬多精可以恢復我們疲憊的精神之外，古往今來的修道者，莫不是在曠野中重獲與萬物合為一體的靈性修為。因此，在古代的祈禱文中有這樣的頌詞：

我知我和至美合而為一
我知我和同志合而為一
且讓我們的靈魂化為高山
且讓我們的精神化為繁星
且讓我們的心化為世界

好美啊！好美啊！

最近無意中翻到一首日本古代和尚所寫的俳句（類似新詩，或者宋詞或元曲之類，可以吟唱的長短句子）這首詩簡直不像詩：

明亮明亮啊
明亮明亮明亮啊
明亮明亮啊
明亮啊明亮明亮
明亮明亮啊——月亮

這首歌詞經幾百年流傳下來，大概是非常傳神的白描出一個人面對極美、極感動時的驚嘆，愣愣地叫起來，沒有形容詞，也無暇想起任何比喻，就這麼直統統且理直氣壯地呼喊出。

想起余光中曾有篇文章描述他在恆春半島看羊蹄甲開花——「每次雨中路過，我總是看到絕望才離開。」

美是這麼令人無法抗拒，余光中的形容詞也真是好到極致了！

想起美惠姐曾透露的一段故事（美惠姐是第三任推廣講師召集人），她第一次代表協會帶著八十張臺灣自然生態之美的幻燈片出去演講時，幻燈片一打在布幕上，她就忘了要說什麼，只有讚嘆著說：「好漂亮喔！」然後放下一張也是說：「好漂亮喔！」那一場演講下來，她起碼說了五、六十次好漂亮喔！

哈！多麼理直氣壯的分享！

不管在演講臺上、戶外活動帶領、攤位展示上，我總是能看到荒野伙伴以一種「一夫當關，氣壯山河」般的理直氣壯分享著自己對美好的感動。

大概在荒野成立後五、六年吧？發生在荒野汐湖聯絡處一次推廣活動中的故事。向來汐湖組是非常有氣魄的，為了社區關懷及環境守護，在當地辦的許多活動或外接活動人數都是以數百為人數基準的。那一次活動不小心在電視晨間新聞預告，當天果然民眾人數很多，那時汐湖聯絡處成立沒多久，解說員人數只有六、七位，只好連正在上課中的社區自然觀察班學員都被逼著上場了。

在分組帶隊過程中，沒有認得多少植物或昆蟲的蘊慧伙伴果然被屢屢踢館，她詢問過那位民眾的背景後，就義正詞嚴地「開罵」了：「我是懂得不多，但是關心我們的環境，願意為了保護我們的環境來當義工，為什麼你懂得那麼多，上過那麼多課程，參加過那麼多活動，卻還在底下當個旁觀者呢？來，請你來幫我們解說！」說著蘊慧就解下荒野領巾，繫在那位民眾身上，將他從隊伍中拉到臺前。

是啊！荒野伙伴是這麼理直氣壯地捧著赤熱的心呈獻在民眾面前，縱使我們只會說「好美啊，好美啊」！我們的心意還是能清楚地傳達給民眾，我們對土地的情感與對萬物生命的愛會鼓舞民眾與我們一起行動！

我們是沿街托缽的行路人

常想起泰瑞莎修女的事蹟與她說的話：「我們無法做大事，只能懷著大愛做小事。」多年以來，我除了在親身經驗中，也在閱讀過往歷史裡觀察到，偉大的成就往往源於微不足道的因緣，每念及此，我總認為世界上沒有小事。

有許多老伙伴常隨身帶著荒野的各種簡介與DM，碰到親朋好友就會介紹荒野的理念。比如說，陳兆君是荒野臺北第二期解說員，她上菜市場買菜，菜攤老闆就會認識荒野，上書店買書，書店伙計也會拿到荒野的DM，五、六年前，荒野在仁愛路芙蓉大樓舉辦攝影展，她就沿著大樓，一層層、一戶戶，敲門去通知所有在大樓上班的人「樓下有攝影展」，那樣挨家挨戶的介紹中，當時萬國法律事務所的老闆、前省主席范光群才得以認識荒野，並加入荒野。

我知道有些伙伴只要多去幾次麵攤吃麵，麵攤的牆上或冰箱上就會貼上荒野的海報，我也知道有許多診所的牆上或櫃臺都有張貼或擺置荒野的活動介紹。幾年前，我參加一次會議後與其他人聊天，有位新朋友說：「荒野？我聽過。」然後她側了側頭想了一下說：「前幾天我陪我媽媽到榮總看病，看到榮總公布欄和牆上都有貼荒野的資料。」

是啊，總覺得荒野人是沿街托缽的行路人。

我們也像是沿途說法化緣的老和尚，雖然偶爾會遭人白眼，卻也不斷和人結成肝膽相照的好朋友。

我們手中的缽碗，盛的是源源不絕的愛，化的緣不是需索，而是散發出人間的善意。

許多朋友常用網路，每天不斷收到許多轉寄來轉寄去的電子信件。當然，這是一個方便與迅速的傳播方式，我盼望使用網路的荒野伙伴常常能將荒野的訊息轉給你周遭的朋友，但除此之外，我也希望荒野伙伴能將荒野的訊息，如各種簡介、活動DM或快報，親手交給你碰到的老朋友或新朋友，畢竟有許多人沒有慣用電腦，而且一對一的直接接觸與影響，更是我們珍惜的因緣。

讓我們成為善意的傳播者，因緣的起始點。

來自四面八方的志工

荒野的志工訓練

雖然卸任荒野理事長已十多年，但荒野的志工群組邀請，只要時間允許，一定會答應。總覺得對於一個像荒野這樣的公益團體而言，志工訓練是組織發展中最重要的核心要素。

我擔任祕書長與理事長長達十二年中，每次開理監事會議，檢視三個月裡全國各地分會或志工群組的報告時，我最在乎的就是有沒有持續辦志工訓練，若有中斷，我一定追尋原因，並投注人力、物力予以協助。

同時，荒野在各地組織多，辦的活動也多，往往一個假日會有多場活動舉行，分身乏術之下，我出席的標準也是以志工訓練為優先選擇。

我常在開會時和各分會長或各群組幹部強調：「你們辦的活動即便再盛大，參加的民眾成千上萬，甚至部長、縣長等人都會到，但我不一定會出席。可是，只要是舉辦志工訓練，即便只有十個人、十五個人報名，我也一定會出席。」

舉辦活動不是不重要或不必要，但活動再成功，就像放一場炫麗的煙火，一閃即逝，對於資源有限的公益團體而言，太重排場門面或太消費性的活動，總是令我不自在。

相反的，志工訓練只要能開辦，就表示又有一群人承諾為環境付出行動，而這群人的生命將因此而改變，我們相信這種身體力行的參與會影響到這些志工身邊的親朋好友與同事。

無限賽局最重要的是有無接班人，就是一棒又一棒願意參與的志工。

志工的動機理論

曾有一次應邀擔任某個獎項的評審，在會議空檔與坐在隔壁的老師聊天，他剛參加過荒野的活動，很好奇為什麼荒野的志工都那麼熱情，尤其是知道荒野志工是沒有車馬費，甚至連一個便當錢都要自己出。

那位評審老師是學教育的，我就很簡單地只用動機理論這個觀點來說明。

我們之所以會做某件事的動機，可以分為外在動機及內在動機（動機兩個字也可以用誘因來替代）。所謂外在誘因是指外部刺激產生的，比如為了獲得別人的獎賞或讚美，或者怕被責怪與處罰等，至於內在的誘因是指個人的興趣、渴望或意義價值的追尋……。研究顯示當我們自願參與某種愉快的活動（這是內在誘因），如果提供了外部的獎賞（加上外部誘因），反而會降低這項活動對參與者的吸引力。

過多且連續性長時間的外在誘因，甚至會扭轉參與的心理認知，會讓他以為自己是為了這個外在誘因而做，忘了這件事原本是自己很喜歡的，一旦外在誘因拿掉，他就不再做這件事了。

這個在教育現場常被提到的理論，那位老師一聽就恍然大悟，不過他還是很佩服二十多年來荒野居然能把這個理論在真實世界裡展現得那麼成功。是的，荒野的伙伴是很「純粹」地不為名、不為利、不為任何外在誘因來當志工，因為自願，因為開心，所以熱情。

小學三年級學生的自信

二〇〇三年環境教育研討會中，有研究生的論文檢視許多民間團體在帶領自然解說時，是不是知識上的講解有錯誤的地方。

會後與一些伙伴閒聊時，曾談到以民間團體的角度來看，「講得對不對不是最重要問題，敢不敢去講才是問題」。

對一般民眾以環境教育為目標的自然解說過程，不必像在大學或研究所的講堂，對物種或分類如考證般錙銖必較。以民間團體的目標而言，解說內容只是工具，喚醒民眾有環境意識，進而產生環境行動，才是真正的目的。

在荒野裡，對於剛出爐的自然解說志工，我們會以一個小故事來互相勉勵。

有個小學三年級的學生學期結束時，向父母親說：「我不要上學了！」

媽媽很好奇：「你不上學，那要做什麼？」

孩子：「我要去教書！」

媽媽更好奇了：「你才小學三年級，你能教什麼？」

孩子：「我可以去教二年級的學生啊！」

沒錯，荒野的伙伴就是有這種「小學三年級學生般的自信」（要說憨勇也可以啦）！我們雖然在自然知識上只有小學三年級的程度，但面對的民眾或許只有幼兒園大班的程度，至少我們的環境覺知與環境行動比他們要高得多。單憑這般熱情與使命感，相信經過如此的解說員解說後對民眾的影響力，絕對不會輸給大學教授。

老實講，就算一個解說志工懂得海星可以活幾年，兔子到底快不快樂，或者他會辨識一千種植物，只要他沒有讓民眾感動，進而產生保護自然環境的情懷，在我眼裡，就稱不上一位好的解說員。

訓練與傳承

荒野很重視儀式，從成立第一年到現在，幾乎所有荒野的志工訓練都會發展出屬於自己團隊的儀式。

儀式進行時，彷彿劃出一片不受干擾的時空，就像日本動漫中的「結界」，也像人類學研究發現原住民族的「神聖空間」。在特定的時空中，我們被要求停下腳步，仔細反省並回憶生命中的每個特殊時刻，相遇的每個人、每件事，以及說出口的每句話，然後學習懂得珍惜生命中所擁有的事物，並真心對待眼前的人。

荒野保護協會裡，我們進行的各種儀式同時帶著豐富與溫暖的力量，透過體貼的分享與擁抱，彼此才能相認，所有的經驗與記憶才能累積，每個人才能找到自己的位置，荒野的文化也在其中默默傳承。

這些儀典使個人或團體結合內在感受與外在環境，重新看見自己的生活方式，以及人與環境的關係，我們藉此發現生活的意義，也促使對生活產生主動而非被動的態度。

傳承儀式在面對生態保育的無限賽局中，更具有獨特的價值，讓我們重新確認自己在綿延不絕的生命長河裡的位置，賦予短暫生命另一種更恢弘、更長久的意義，以便在承先啟後的世界中找到安身立命之處。

NGO發展

非營利組織的角色與定位

非營利組織有人稱為第三部門，就是與政府部門及營利企業鼎足而立。這三種組織隨著時代演進，彼此在願景擬定、策略規劃，乃至於經營管理方式上，有相當程度的仿效與混同，但站在組織發展的角度而言，這三個部門有以下幾個不同的優勢與劣勢。

政府部門擁有最大權力與資源。

臺灣對於自然環境的保護上，公部門擁有最關鍵的決定權，同時，只要預算通過，公部門遠比民間團體擁有無法企及的金錢與資源。

政府受限於組織員額編制，雖然有錢有權，但是卻沒有人，而且公部門必須遵循繁瑣的法令規章與程序，極度缺乏彈性，不容易應付快速的環境變遷。

營利企業必須面對市場嚴格的競爭，目標管理的績效及效率的要求大概是政府與公益團體所難以達到的。但也因此，在商言商，營利企業恐怕也不足以擔負起社會公益及照顧弱勢的重擔。

至於非營利機構和政府比起來，既沒錢又沒權，往往不能像企業一般採取嚴格的管理，但非營利組織最大的優勢是志工，只要理想與公信力足夠吸引人，志工的來源是可以無限成長的，這和政府有員額限制，或者企業講究員工個人的單位成本與效益不一樣。

非營利組織的志工愈多，可以為組織帶來愈多固定財源（會費、小額捐款或定期定額捐款），而且志工就算再多，可以用志工來管理志工，組織的營運成本不見得會依比例增加。相對於此，企業每增加一個員工、每增加一個部門或投資多角化經營的項目，都會增加龐大的行政成本，很多企業就是被多角化經營及眾多子公司給拖累而周轉不靈，因此企管前輩不斷諄諄教誨要注意核心能力，不要投資太多不熟悉的本業以外事業的最大原因。

非營利機構的優勢固然是志工人力以及組織可以無限成長，但是對於常見的劣勢，比如說績效的管理，目標的要求，這些通常不太注意到的部分，勢必要努力加強。因此如何透過現代科技（數位網路等）和學習企管裡有效的方法，是每個有志於從事於NGO領域的朋友不可逃避的課題。以免隨著組織愈大，志工愈多，變成一個大而無當的官僚機構，或者反而成了浪費社會資源（志工人力與志工捐款都是社會的共同資源）的禍首。

如何將一時感動化為長久的行動？

荒野保護協會這幾年在志工發展的成效備受矚目，除了目前正在參與的志工數目相當多之外，不管是資深志工的數量，或者資深與資淺志工的比例而言，荒野算是頗能留得住人的。

生態保育是條漫漫長路，荒野守護的工作也是時刻不得鬆懈，環境教育的扎根工作更是必須一代又一代永不止息。自荒野成立開始，如何將民眾一時的感動化為長久的行動與努力，是我們發展組織過程中，一直相當注重的方向。

雖然我們目前還有很多可以改善的空間，但荒野這些年來已經嘗試學習了一些很有效果的方法，讓志工可以留下來，在荒野這個大家庭裡奉獻，同時得以學習與成長。這些心得在這幾年我有機會就與其他團體的伙伴分享，希望臺灣的所有NGO都能比較穩定地發展。

現在的社會有幾個特徵，第一，每個人壓力都很大，都有自己工作上艱困的挑戰要應付，有自己家庭或生活上的難處要面對，因此，沒時間、沒力氣或沒心情參與太偉大的公益活動。

第二，現代人選擇太多，理想太少，除了工作、家庭要照顧之外，只剩下非常有限的時間，面對的是太多選擇，不管是做好事，或者是休閒娛樂，太多選擇之下，很難讓一個人專心且長期地做一件事。

在NGO裡，必須面對並接受這兩個事實，再採取適當的策略或方法來突破這些現實。

透過一場活動、一次大師感人肺腑的演講或一部非常動人的廣告，民眾很容易掏出錢來捐款，或者是走出來遊行。但如何將這種一時的感動化為長久的行動，進而改變一個人的人生觀，進而影響一個人的生活模式，這就非常不容易了。

我相信會有些人會有如宗教般的使命感，對於一直做同樣的事不會厭倦，保持最初的熱情，也就是所謂懷著大愛做小事，對於這些人，我們除了非常敬佩與肯定之外，要知道，這只是非常少數的人。

絕大多數人對於各種NGO所標舉的使命，相信大多會認同，不管是環保、正義或人權、救助貧困弱小，這些都是所謂「普世價值」，人人都會同意，但是通常不見得會為它付出金錢或時間來做志工，因為每個人資源有限，選擇又多，換句話說，每個人心中都會有一個無形的「優先順序」排列，依照個人價值觀或生命歷程的演進而有所不同。只有當NGO的使命與目標，與某人某個時候所重視的優先順序吻合才會出現在組織裡，或者，沒有那麼偉大的理由，很多志工的出現只是因緣巧合，或者只是太無聊，或者陪著朋友、同事參加活動。

NGO組織如何掌握第一次或頭幾次的機會，把組織關注的活動或議題變成這個志工內心裡的幾個優先順序，是一個必須了解的課題。

以荒野為例。

對於保護自然，守護臺灣環境，這個普世價值，相信沒人會反對。但真要他捐款、入會或上街頭，能做到的恐怕就不多了。但是對於一個有孩子在讀小學的伙伴而言，會對荒野的兒童營有興趣，這個希望帶著孩子參與活動而入會的伙伴，既然已因第一順位的原因加入荒野大家庭，相信連帶著也會對於荒野其他關心的議題投予較多注意力，簡單講，若是你滿足他的第一優先順位，那麼原本排在第七、第八順位的議題他們也會「順便」參與。

只要「以荒野之名」來完成他們的第一順位，就可以把人留下。

這也是荒野有十多個義工群組，從都市到荒郊野外，從學校到社區，從體制內到體制外，從大人到小孩，從議題到靈修……無所不包，甚至還有攝影、登山、繪畫、音樂、電影等社團的原因吧！

一切都不曾發生

英國作家維吉尼亞・吳爾芙（Virginia Woolf）曾說：「一切都不曾發生，假如它沒有被記錄下來的話。」

雖然記錄下來也許很快被淹沒在資訊大海之中，但是，沒有留下紀錄，許多真實發生的事情就如煙塵消散在虛空中，也許很快地連當事人也不復記憶。

當然，我們可以這麼抬槓，如果會忘掉的就代表是不重要的，何必浪費資源去記它呢？不過，在一個公益團體裡，記錄伙伴的付出與努力，並不是自誇自擂的炫耀，而是一種感謝，南方朔在《語言的天空下》書中曾經寫了一段話：

「許多事必須一直做下去，始能漸漸地被人明白。能被明白，就彷佛暗夜旅人有了一燈相照，那是值得，也是幸福。」

每當我到全臺灣各個角落，看到許多伙伴的努力時，就會想起這段話。我知道，荒野伙伴默默付出，盡其在我，不在乎世俗的功名利祿，但是若能「被看見」、「被人明白」，除了是種幸福之外，也會是滋養大家繼續往前走的動力之一吧！

卸任荒野理事長已經很多年，雖然還是會應邀到志工訓練的課程裡講課，但已經不像是過去曾經擔任過祕書長兩任六年，理事長兩任六年，在十二年中每年數十梯次的志工訓練結訓授證一定會出席，在荒野十週年慶時，我曾寫下一段感想：

「不想錯過辨識每位上臺伙伴的機會，因為我知道，這些不管是上臺領獎或表演節目的伙伴，都是目前正在第一線努力的義工，我想仔細地看看大家散發光芒的面容。」

這種心情與每一梯隊義工訓練結訓授證時，我專注地在星光下或營火前，傾聽著各位一樣，臺北第十二期解說員結訓前我曾寫下：「期待在星光下能傾聽各位內心的呼喚，在授證後彼此的擁抱中感受著熱情躍動的心，在燭火中辨認大家宛如赤子、像天使般發光的臉龐。」

我常常會對著證書上的名字冥想，就像夜晚收到各個義工團隊討論事情時出現在電子信件中的名字一般。張曉風曾寫過一篇很感人的文章〈念你們的名字〉，這是她對著考上陽明大學醫學系的學生所寫的。她最後這麼說：「孩子們，求全能者以廣大的天心包覆你們，讓你們懂得用愛心去托住別人。求造物主給你們內在的豐富，讓你們懂得如何去分給別人。某些醫生永遠只能收到醫療費，我願你們收到的更多——我願你們收到別人的感念。」

我常常默默念著伙伴的名字，正如我常常站在一旁，靜靜看著伙伴們在陽光下燦爛的臉龐。雖然，名字與容貌總是對不起來。

甚至，隨著年齡愈來愈大，許多非常熟悉的伙伴，一時半刻就是叫不出名字。

我看的是神韻，不是形體，我這麼安慰著自己。也有古人是如此的。古代有位相馬權威九方臯，奉命幫秦穆公找千里馬。他花了好幾個月總算找到了，秦穆公要他形容一下，他說：「馬是母的，黃色。」等到馬運到皇宮，秦穆公一看，居然是黑色的公馬，嚇了秦穆公一大跳，幸好有人幫九方臯解釋：「得其精而忘其粗，在其內而忘其外。」九方臯只看到馬的內在精神及靈魂潛能，專注之餘連馬是公是母，是黃是黑也沒有注意到。

每次我注視著伙伴們身上散發出的光彩，都覺得是一種對著世界的召喚。正像我每天抽空檔坐在電腦前面，一封一封將我們的感動與希望傳給你時，也是一種召喚，一種無聲的吶喊，是的，無聲的吶喊，像是蝙蝠。

我最喜歡的美國自然作家黛安·艾克曼（Diane Ackerman）這麼形容著：

「蝙蝠藉著向世界吶喊，聆聽回聲。」

被看到，就是一種幸福

十七世紀初到中國的義大利籍傳教士利瑪竇（Matteo Ricci），他以義大利文寫的備忘錄第一章這麼說：「世界上許多偉大的事業及成就，後人多數不知其起源。有時我思索其中的原因，發覺許多事情縱然後來非常成功，在開始時都是微不足道的，沒有什麼成效可言，誰也不敢設想將來會成大事，故此身當其事的人，想不到該留下紀錄。但也可以說，這些事業在開始時，千頭萬緒，困難重重，使當事人無暇他顧，沒有時間記述。」

看了利瑪竇這段日記，有幾個感想。

首先是歷史的演進與改變。

其實歷史並不見得很遙遠，往往也不是經由大張其鼓、令人震撼的宣告，反而更常見的是，有時只是生活上偶發的瑣事，或是某些小小的行動，日積月累，一回首才赫然發現，原來起初那些不起眼的一剎那，自己竟然參與了歷史。

第二個感想是，行動有沒有意義，往往要靠後代人是否繼續努力，決定著我們如何去評價前代。甚至如同朱熹的詩所描述的：「昨夜江邊春水生，艨艟巨艦一毛輕，向來枉費推移力，此日中流自在行。」

現在視為理所當然的事，過去也許都經過艱鉅的努力與漫長的等待，到了某一天，形成足夠多的「春水」，該來的就會來。因此，行動的人會看到前輩努力的意義，坐享其成的人或許會以為這是偶然的天意。

常以「我們正在寫歷史」與荒野伙伴共勉，同時期望透過各種媒介，讓伙伴的努力可以被看到。

荒野對於這些義務奉獻的伙伴無法給予什麼實質的好處，但是，一個人長期的努力，若能被看到、被理解，就是一種欣慰、一種值得、一種鼓勵。

荒野的年會即將到來，從祕書處到各個義工群組都開始整理年度報告，我想，年度報告不是自我膨脹、自我彰顯、歌功頌德，這些記錄只是我們對過往伙伴付出的一點點感謝心意。

希望每個志工群組的幹部（以及每個工作委員會召集人）能夠養成將群組內伙伴的努力記錄下來的習慣，平常可以留在網站上，等到年度再一起彙整。

被看到，是一種幸福與值得。

能夠看到與理解，更是荒野伙伴們的體貼。

我常以為對一件好事表示感激，也同如做一件好事一樣偉大。

同一份資料不同解讀

有一個關於團隊文化的研究發現，當團隊能信任伙伴，安全感愈高，犯錯率愈高。最初的研究結論認為，心理上的安全感會滋生出自滿，而當伙伴彼此信任時，反而不太會去質疑別人或仔細檢查自己的工作。

從數據到推論似乎都很合理，但進一步分析，發現這些所謂的錯誤是來自於自我報告。於是結論大翻轉：信任度高、有安全感的團隊會提報更多自己的錯誤，但他們實際上會犯的錯誤反而比較少，因為敢於承認錯誤，就能清楚知道究竟為何會犯錯，避免往後錯誤繼續發生；相反的，彼此不信任且工作沒有安全感的團隊，大家會隱藏自己犯的錯誤以免受罰，使得大家難以判斷原因解決問題，反而容易在以後發生難以彌補的後果。

所謂心理安全感是一種彼此尊重、開放且信任的氛圍，大家可以自在地提出建議與自己的疑慮，不會擔心得罪別人遭到報復。

缺乏心理安全感的團隊通常比較會強調績效文化，論功行賞，也會因失敗及犯錯而受罰，因此人人必須保護自己及證明自己的能力與功勞，錯誤就會被隱藏起來。

其實同一份資料卻有截然不同解讀的情況非常多。像是二次世界大戰時，盟軍指揮部為了保護飛機的安全，就調查飛機在空戰中最容易被敵機擊中的地方，打算加強防護。

統計結果發現機翼與機尾中彈最多，因此指揮官下令在這兩個地方以鋼板加強。幸好有位聰明的幕僚提醒，那些列入統計的飛機是能順利返航的，被擊中的地方應該是最不重要的地方，相反的，飛機油箱或駕駛艙只要被擊中，飛機就回不來了，所以無法列入我們的統計。換句話說，沒被看到的數據才是最關鍵的資料。

心理學上有個「倖存者迷思」，我們常會訪問成功者的心得，那些在競爭中存活下來的優勝者當然也會提供我們很多訣竅，但問題是，更多更多的失敗者採取的方法也許和倖存者一樣，只是他們沒有機會和我們分享，換句話說他們採取了與成功者一模一樣的方法，卻失敗了。

因此，我們從成功者身上其實學不到太多東西，因為同樣做法有人成功、有人失敗，那些祕訣與原則聽聽就好。倒是失敗者的慘痛經驗，可以給我們更多的提醒與警惕，對我們幫助更大。可惜的是，在媒體上，很難得看到對失敗者的訪談。

期待與現實之間的落差

到宜蘭分會為第十期解說員訓練講課，我帶了幾本我寫的書贈送給提問的學員。

果然，又有人問我有沒有挫折？好奇怪，不時就有人問這個問題，看來這真是個令人容易有挫折的時代啊！

如果細究什麼是挫折感，大概可以定義為我們的「期待與現實之間的落差」，這種「求不得」的痛苦就是挫折感的來源。因此，只要降低我們的期待，就不會產生挫折感。

多年來，我以「對人對事不要有期待」當作「人生修練」的目標，因為沒有期待，就不會有失落，也因為沒有期待，若有成果與收穫，也能視為「偶然的運氣」

而感恩上天的厚待。

我知道很多有志於從事環境守護的伙伴，常常因為「熱臉貼在別人冷屁股上」，或者那麼努力卻沒有任何成效，那種失望沮喪的心情。

我常以「三顆饅頭」的故事與伙伴們共勉，這個故事是我小時候看到的小笑話。話說小明和小英去逛街，走一走肚子餓了，就在路邊買了一個饅頭，邊逛邊吃。吃完了還是覺得餓，就買了第二個，吃完了還是餓，於是逛到另一條街時，又買了第三個饅頭。這個饅頭吃完後，小明肚子就飽了，他恨恨地說：「早知道這間店的饅頭可以讓我吃飽，就不該浪費錢買另外兩個饅頭。」

連小學生看了這個故事都知道小明很笨，因為不是第三顆饅頭這麼厲害，而是累積了前兩顆饅頭，最後才能讓我們吃飽。

小時候知道的道理，我們長大後卻忘了，在環境運動的路上，我們的努力若沒有成果，很可能我們是第一顆、第二顆饅頭，不必氣餒；同樣的，假如我們的行動引起很大的迴響，也不必太得意，因為我們剛好就是第三顆饅頭。我們的努力會是第一顆還是第三顆饅頭，沒有人知道，也不必在乎，因為第一顆、第二顆、第三顆都有它的價值與意義。

因此，我總是提醒自己以平常心來看待自己的努力，我相信只要用過心、用過力的地方總會留下痕跡，雖然表面上看起來似乎原地踏步毫無成果；也或許我們的點滴行動卻獲得功成名就；但成也好，不成也好，不必太在乎外界的反應與評價。

將近二十多年前曾寫過一篇文章，篇名是〈沒有失敗的社會運動〉，說的大概就是這個意思。

後面再附上一篇十多年前寫的〈不要對別人有期待〉，內容就是近年來常提醒自己的想法，希望能在這不確定時代保持心情平和，讓守護環境的眼永不止息。

不要對別人有期待

高中時，英文老師曾發下好幾張英語名言佳句要我們背誦，這是我第一次看到這句西方著名的祈禱詞：「請賜給我平靜，能接納我無法改變的事；請賜給我勇氣，能改變我可以改變的事；請賜給我智慧，讓我分辨這兩者的不同。」

當時我正為這句漂亮的佳句而讚嘆時，坐在我隔壁的同學卻冷冷地說：「這句根本是廢話，一點意義也沒有！」看到我滿臉狐疑的樣子，同學繼續解釋道：

「你看這一句話有沒有像我們常開玩笑說的『大郎的弟弟叫二郎，二郎的哥哥叫大郎；廟的前面有旗竿，旗竿的後面有廟』，話講了半天，卻等於沒講一樣。面對發生在我們身上的事情，原本就只有這兩種態度，要嘛摸摸鼻子接受，要嘛去抗議、去改變，我們缺的是不知道哪些事情該接受還是抗議，看完這句話，我們還是沒有學到那個分辨的智慧啊！」

聽了這番話，一時還真無法反駁，不過，到底什麼是分辨的智慧一直縈繞在我心裡。到了大二時，有一陣子忙著社團，在籌辦許多活動忙得焦頭爛額中，忽然體會到，原來要區分可以改變或無法改變的智慧並不難，只有自己能做的事和自己的態度與看法，是唯一自己可以改變的；而必須求之於人的，或是別人要怎麼對待我，是要幫我們的忙，還是放鴿子扯後腿，要稱讚還是批評，我們只能平靜地接受，是當下不必去改變也無法改變的事。

換句話說，當時我的體會就是不要對別人有期待，不要讓別人的言語與行為影響自己的情緒與態度。有了這樣的頓悟之後，這三十年來，我反而得到最多人的幫忙與協助。原本我不期待別人幫我忙，一旦當別人來幫忙了，我們的感激往往會使別人幫我更多忙；同時若別人放我鴿子或惡意批評與中傷，也因為原本對別人就沒有期待，也可以維持平常心，到後來，那些人也會不好意思而友善相待，甚至轉而協助我們。

不過，說實在的，要做到不對別人有期待，並不容易，甚至可以說是相當高的宗教情操了，因此，若免不了還是會有期待時，我盡量把這個期待說出來，我發現人之所以不快樂，覺得被傷害，往往都來自於這些沒有說出口的期待。

我們認為家人應該記得我們的生日，同事應該要了解我們的苦心，老闆應該知道我們的努力，我們也希望朋友應該能夠體會我們的心情，每一個「應該」都是我們對別人沒有說出口的期待，這些祕密的期待落空之後，就造成我們被忽視、失望、氣憤或幻滅的種種情緒。這些年，只要我嘴巴或腦海裡出現「他應該」這三個字時，就立刻提醒自己：「我又有對別人懷抱著沒有說出口的期待了！」

的確，年齡愈長，愈能朝內看，只把精力放在自己可以做的事情上。年輕時，我們滿懷志氣，想改革社會，想改變別人，想更正一切不合理之事；如今我已知道，改變世界唯一有效的方法，就是改變自己。

沒有失敗的社會運動

曾經應邀擔任某場會議的主持人，會中代表NPO與青年們對談者，有許多是長期參與各種社會運動的伙伴，在分享彼此的經驗中，有位青年提出問題，問我們會不會有挫折感？如何面對社會運動的失敗？

其實發生同一件事情，可以是挫折，也可以是成功之前的經驗，全看自己的態度如何，就像古人說的，可以重於泰山，也可以輕於鴻毛。

至於如何面對社會運動的失敗？只要我們投入心血、全力以赴的努力，根本沒有所謂「失敗的社會運動」，頂多可以區分為「非常成功，部分成功，一點點成功」幾種不同程度。

當然，運動的訴求或目標也許在此時此刻沒有立即達成，但我總是相信，在歷史的進程當中，任何努力絕不會虛耗的，正如十九世紀英國哲學家威廉・摩瑞斯（William Morris）曾說道：「人們奮戰失敗，儘管他們失敗了，但為它而戰的事終將成真，雖然到時已非當初所期待的模樣，另一方面，這也是讓人挫折之處，因為努力的收穫不會在今天。甚至在大部分的情況下，我們的努力只是在為歷史和未來而撒種耕作。」

我想，歷史的迂迴或發展大概是如此吧！許多後來視為稀鬆平常、不必任何努力就自在而行的事（或觀念），在時代變遷中，都曾歷經漫長的等待與付出，形成足夠多的春水，到了某一天，該來的就會來！

有這層體會，大概是面對不盡如意的結果時，我們仍能保持樂觀的原因吧！

翼下之風

和朋友聊天時，他們偶爾會好奇地詢問我這些年在荒野當志工幹部的心路歷程與感想。我總是百感交集，在口拙無以答覆之際，腦海中卻會響起〈翼下之風〉這首歌，這是六〇年代西洋鄉村民歌手朱蒂．柯林絲（Judy Collins）所唱，歌詞如下：

在我的影子下，一定很冷吧
陽光不曾照在你的臉龐
你總是心滿意足地讓我表現，你就是那樣
你總是走在我身後
因此，我一人獨享所有的榮耀

而你卻背負著所有的疲憊
你有著美麗的臉龐，卻一直默默無名
甜美的笑容掩飾了痛苦
你可知道你是我心目中的英雄？
是我想要學習的一切？
如今，我可以飛得比蒼鷹更高
因為你是我翼下的風
也許是不願被人注意到
但我已了然於心
我要你知道一切我都明白
沒有你，我什麼都不是
啊！我翼下的風
你是我翼下的風
飛起來，你讓我展翅高飛
你是我翼下的風

你是我翼下的風
飛啊！飛向天際
高得幾乎可觸摸到藍天
謝謝你，謝謝你……
感謝上天，你是我翼下的風

今天荒野得以高飛，全因許許多多看不見的伙伴當那翼下的風。

今天我們能站在臺前享受別人的讚美與榮耀，全是因為許許多多不被看到的伙伴們，背負著所有的疲憊與痛苦。

這些年來，我深深體會到，一個理想要實踐完成，背後必須有許多人心血的投入，有些人被看見，有些人不被看見。就像在一個組織或團體裡，有些因素看得見，也有些看不見。看得見的是技術、制度、專業知識、業績功勛等，看不見的是理念想法、態度風格，乃至價值與文化等。

或許不必談所謂理想的實踐這麼偉大的事，單單一個活動的完成，經常就得投入許多許多看不見的血汗，流了無數不足以向外人道的眼淚……

這些年來，有許許多多伙伴的身影存在我腦海中，不管是放懷大笑的對談，還是溫和體貼地陪伴孩子的臉龐，還是在溼地裡挖泥土，或者是看到環境被破壞後流下眼淚的真情，我也看到在各個地方，多少個夜晚有無數的伙伴曾通宵為活動而準備著……這些影像是我生命的滋養與活水源頭。但是，這麼多年，我從來沒有向那些出力又出錢的伙伴們說一聲謝謝！

我不敢說謝謝！

我何德何能，荒野伙伴們的奉獻不是為了我，我哪敢居功自以為是主人來道謝呢？

荒野是大家的，荒野屬於每一個願意行動的人！

若是你再問我，走過荒野十年有何感想，或者你要問我未來十年荒野有何計畫？我會這麼回答：「我很感恩這十年與荒野同行的日子，因為荒野伙伴，豐富了我的生命。未來十年，我只盼仍能秉持初衷，繼續與荒野同行，讓所有荒野伙伴的願力與行動能呈現出萬物生命更高的意義與價值。」

PART 4

與自然共生的未來

活動結束之後需要檢討嗎？

之一：群龍無首，吉？

你知道荒野的活動量有多少嗎？

姑且不論數百個義工團隊之內的各種聚會、研討訓練或聯誼，單單以對廣大社會大眾可以自由報名參加的活動，一年起碼就有數百場戶外活動，數十梯次義工訓練以及數十項研習課程，還有數十項專案計畫。

這麼龐大的活動量，大部分從策劃到執行都是由義工負責，由於大家求好心切，不只在活動前討論再三，往往於活動後也會有檢討。

可是，活動後真的需要檢討嗎？

我覺得，對荒野這樣以義工為主的組織而言，活動後需要的是彼此嘉勉鼓勵、彼此打氣，換句話說，只要慶功宴，不要批鬥會。

我知道有人會問，若只慶功不檢討，怎麼會進步呢？

我認為在NGO以義工來執行活動，和企業或政府機關部門領薪水年復一年做事看績效、驗成果的情況，兩者是不一樣的。

在NGO中，參與活動的義工往往在下次同樣活動出現的不是同一批人，活動後的經驗（我不喜歡用檢討二個字）累積出的「知識」該如何被保存與傳遞，通常與是否開檢討會是兩碼子事。

而且活動後立刻進行的檢討，容易把焦點放在個別事件、突發事件，這些因個人失誤（比如遲到、講錯話……）所造成的活動缺陷，檢討了對下次活動沒有幫助，反而「傷感情」。我覺得真正有效的檢討必須注意參與討論的人選、討論的時間點、討論的項目，都有必要考慮到。

以下提出幾點想法與說明。

一、檢視行政流程

荒野十多年來，活動的規劃與執行經驗已非常豐富，義工訓練與傳承（老伙伴帶著新伙伴），甚至各項活動執行的ＳＯＰ，標準操作流程都已建立。老實說，只要活動能照著既定的流程與義工良好的文化互動去展現，我想活動的效果一定八九不離十。

當然，若是在活動過程中，發現有某些行政流程或更大的策略方向需要檢討，只要由活動召集人個別蒐集資訊與討論，然後將看法或建議再轉知相關的義工群組幹部及祕書處，之後在相關的例行幹部會議中形成提案來修改作業流程或策略方向。

二、偶發事件的檢討對下次活動的改進並無幫助

活動執行過程中，當然會有很多狀況是個人因素導致的，比如遲到，或一時疏忽，或一時反應失當，或說錯話……這些失誤有時的確會造成活動中相當大的困擾，但我相信犯錯者本人一定已相當懊惱或後悔，若是活動一結束立刻當場檢討，假設檢討過程表達語氣不太好，是不是逼犯錯的伙伴下次不敢來了（你要義工負

責，怎麼負責？檢討當場只能「辭職下臺」離開荒野了）。何況個人因素，既是偶發，下次辦類似活動就不見得再犯，就算會犯，也是不同的人犯不同的失誤。檢討偶發因素對改善是沒效益的。

荒野必須有足夠的空間容許嘗試錯誤，荒野也必須有無數的機會讓伙伴可以不斷努力。

我贊成某位哲學家所説的，所有的錯誤不該一再被提醒，然後原諒，我們對別人的過錯最好是忘掉！

三、只有團隊的成敗，沒有個人的成敗

荒野是個大家庭，荒野是個團隊。

每個活動執行的伙伴就是一個小團隊。在團隊中，沒有個人的成功或失敗，只有團隊整體的表現。因此，在活動執行過程中，大家要體貼地隨時補位，互相支援，只問：「我可以幫什麼！」不説：「你為什麼沒做？」

之二：開完會要帶走什麼？

以下是我對會議的看法：

一、會議裡不可或缺的因子

會議裡有了主席，或者只是個可以注意到並讓討論主題可以時時回到主軸的人，這個因子也許是個「必要之惡」，但擔任所謂的主席，在荒野裡，不適合太硬，或者為了顧及效率而太急躁，因為著急往往是溫柔與體貼的大敵。

一個理想中的會議進行過程，最好有個感動的因子，也就是那個發起或提醒會議目的，能夠找機會陳述「初心」，就是因緣的開始與回顧事情的源頭。然後，最好也要有個講故事的人，因為陳述過往相關故事，不只是經驗的傳承，對荒野而言，更是典範的呈現與荒野文化的建立。當然，最重要的是一定要有講笑話或鬧笑話的人，這是整個會議的靈魂。

一個沒有笑聲的會議，就算是再有效率，都不是荒野要的；一個沒有笑聲的活動，就算準備得再周密，流程跑得再順，也不是荒野要的。

二、開完會要帶走什麼？

我們常會自問到：「活動結束之後，我們希望民眾帶著什麼樣的感覺回去？」

這是個重要的問題。

我也想提醒大家：「荒野開完會後，希望參與的伙伴有什麼樣的情緒？」

我認為不管在會中大家有多少不同的意見，有多劇烈的爭辯都沒有關係，只要結束之後，彼此都會覺得這是一群可愛的伙伴，或是令人感動的伙伴，很想擁抱大家，這個會議才算成功，然後，當大家道別，轉身離去，會很希望盡快再一次相會。

這是荒野的會議或活動結束應有的感覺。

三、大家來趕集

我喜歡用「趕集」這樣的意象來看待荒野伙伴的相遇。這輩子無非是一場鬧情、一場起鬨，朋友們一吆喝、一湊手，再難的事也敢去動一動。

什麼是趕集？

在一個荒涼、沒有人煙的地方，時間一到，四面八方來了許多人，肩上挑著的、手上提著的，騎著驢的、趕著牛的……熱熱鬧鬧相會。結束之後，沒有留下任何痕跡，回復自然。在趕集中，每一個人都是參與者，每個人都是同等重要的主角，但整個活動中，又沒有非誰出席不可的明星。同時，趕集者的心情是帶著興奮、熱鬧、好玩、溫暖的盼望，而不是服勤任務般的心情，而且趕集者帶來自己家裡、自己公司現有的東西，不必另外生產製造，留下不必要的垃圾與耗費多餘的資源，這是荒野游擊精神的本源。

因此，荒野這一場熱鬧的集，錯過不得啊！

四、群龍無首，吉

《易經》裡有一卦，卦名是群龍無首，《易經》的解釋與我們一般認知不一樣，它認為群龍無首是吉利的。

同樣的，我認為一個成功的活動是「事情在快樂和諧之下圓滿達成為最高目標，最好不要有人在那裡道貌岸然似地指揮」。

我理想中的活動從籌備到完成，在每個環節中都有可以轉圜的餘地，可以容許參與者進進出出。因此，在分工上，常是權責區分有些清楚又有些模糊；事先的規劃是明確也不明確的；有些當然，也有些可以不然的。因此，整個活動過程中，往往充滿著不確定性，卻也有著令人驚訝的無限可能性，因此充滿挑戰性。

這是荒野的會議與活動！荒野充滿無限生機。

之三：黑羊之必要

一、尋求異議

印度人一向認為兩河交會點一定是聖地，對我而言，每當另一個不同的觀念與意見觸動我，總會敬謹地接受，我想，不同思想的交會也是神聖的。

羅伯特．甘迺迪（Robert Kennedy）曾說：「光是容許異議不夠，我們還必須爭取異議。」老實說我也這麼認為：「如果大家什麼事都意見相同，或者什麼事都沒有意見，那麼你可以確定只有一個人在動腦筋，或者大家都沒有認真去想。」

荒野開會不怕不同意見，提醒大家時時回到開會的最初動機（做事的初心），強調的是意見表達的方式與看待各種不同意見或面對不同風格伙伴時的態度。

我們常會習以為常地在面對刺激時，反射性地立即直線回應，其實在刺激與反應之間有許多轉圜、許多可能的選擇。

二、效率與效益

據說每個員工最討厭的事就是開會，可是麻煩的是，每個首長唯一能「辦的公事」就是開會。至於地位平行的委員會，或者義工團體的會議往往效率是令人搖頭嘆息的。

依我看，開會通常是用了多數人的寶貴時間去換取有限而且不見得行得通的意見，這是一種非常高價昂貴的支出，所以在召開任何義工會議之前，必須有充分的計畫與準備。

有了這樣的認知為前提，再來就是得思考會議的目的與種類，以及是否有其他的工具來輔助，比如先以電子群組事先討論；議題與資料務必事先給參與開會的人詳讀與思索；不得不開的會是否可以搭配演講簡報或順便玩耍，一魚多吃……

這些技術上的問題，還有會議當中議題討論與引導的效率，只要稍稍用心或稍有經驗的伙伴都很容易解決。在此要提醒的是效益問題。

往往追求（短期）效率會忽略（長期）效益。比如說，若是為了某一次會議時間的緊迫，沒有處理好與會者不同的意見或急於下結論，雖然會議是迅速有結論，符合效率的標準，但若讓某些伙伴誤會、產生心結，甚至離開團體，就長期來說，當然是不符合效益的。

三、活動後該不該開檢討會？

我有時擔心伙伴們誤會了我的意見，以為荒野是個不知檢討反省，是個和稀泥、反智且不講求品質的團體。

其實，我一直戰戰兢兢，知道在這個變化劇烈、典範轉移快速的時代，如何保持彈性，如何不斷調整與靈活反應，對組織的存續是非常重要的，因此，我常常反省、常常檢討。

但是，對於單一活動結束後的檢討，我覺得必須非常謹慎，要注意到，對的人在對的時間，做有效的檢討。

對的人，不一定是全部活動的參與者，或許，活動結束後對所有義工第一件事是肯定大家努力與幫大家打氣，對的人，也許只是少數主辦召集人或觀察員等。

對的時間，不一定在活動結束後立刻進行，也許各自沉澱，也許收集更多相關改進資料或擬出方案後才進行。

有效的檢討，一定必須是建設性的，我們絕對不要以「找出誰犯錯」為目的檢討，而是找出下一次辦類似的活動，該做哪些結構性的調整或流程的變動。每個活動當下的情境，所有人事物等的時空條件不一樣，若是針對「個案」或「特殊狀況」或「個人疏失」來檢討，對下一次活動的改進是沒有什麼幫助的，反而使得犯錯的當事者在眾目睽睽的指責下無地自容或反目成仇——我所說不必要開的檢討會是屬於這一類的。

我通常習慣問自己一個很簡單的問題：「你為什麼要做這一件事情？你做這個動作希望能達到什麼效果？」

也就是常常回溯事物的初心，常常探尋最終的目的，就比較容易超越事物處理過程必然遭遇到的旁枝蔓節和紛紛擾擾。

尋找知識與體驗之間的平衡

臺灣的環境教育，或者以狹義的自然生態教育的實施方式而言，一直有兩個不同的途徑，一種是知識上的教導，也就是所謂的自然解說，著重在鳥獸蟲魚的名稱、分類、作用等，另一種是自然體驗，強調忘掉知識，直接感受自然生命的流動，著重在靈性的體會。

這兩種不同的做法彼此的追尋者也有過一些爭議與批判，「反智的體驗」、「知識的強炙」……在對立之下似乎各有流弊，比如追求知識到後來變成辨識物種比賽，自然知識只是研究者驕傲的文飾。相反的，一味地追求體驗，乃至於重視形式，或許也會形成讓民眾「困坐自然現場，一臉迷惑、尷尬、無聊」，難免流於「國王的新衣」之類的虛偽。

那麼如何在知識與體驗間尋找一個平衡點？

在一百多年前，亨利．大衛．梭羅（Henry David Thoreau）已為我們做了最好的示範。

最早，梭羅以《湖濱散記》開始，他一直是自然體驗與靈修派的代表，他曾加入亦師亦友的哲學家拉爾夫．沃爾多．愛默生（Ralph Waldo Emerson）的「新英格蘭超驗主義俱樂部」，他也是近代把自然知識融入到更宏遠深邃的宗教靈修，且具有廣泛影響力的先驅。

但他也寫過《種子的信仰》與《野果》，從書中可以得知，梭羅具有非常豐富的自然知識，也有非常科學又嚴謹的自然觀察技巧。

從梭羅身上我們知道，對一個真正熱愛自然生命、關心環境的人而言，知識的追尋與靈性體驗的經驗，兩者並不是互相對立，而是一體的兩面。

若回到環境教育來說，梭羅與一般的自然課老師不同，梭羅的文筆帶有深厚的個人色彩，是一個人滿懷欣喜與感動之餘的分享。課堂上的講解有一定的內容與範圍，是制式化的，而個人的分享就很生活化，除了自然知識，還可以有人文歷史，是將個人的生命經驗透過這些自然素材來分享給大家。

環境教育是教育的一種，那種究竟什麼是教育？教育的本質是什麼？

我覺得教育基本上像是商業的買賣。

買賣成立的要件是有人賣，也要有人買。沒有人去買你的東西，應該就不能說完成了一件交易。

既然教育如同買賣，那麼當我們想把某一項東西（觀念、想法、價值觀、知識……）去賣（傳遞）給別人。可是別人如果完全沒有接受，能說你已經「教」了嗎？

我認為，根本不需要徬徨於重視體驗或知識，「有效」應該是所有教育的根本。不管用任何方式、任何技巧，只要有效、能影響人、能感動人，就是最好的方法。

孔子說「因材施教」實在很有道理，我們在同一個地方、同一個標的物進行自然解說教育時，對於不同對象所採用的方法一定是不一樣的，「有效」是我們評估的唯一指標，而不是在該重知識或該重體驗這種技術上的層次打轉。

在「有效性」來說，梭羅從《湖濱散記》到《野果》，用不同方式向我們示範了環境教育的方法。

而且梭羅不只離群索居獨自居住在湖濱成為所有愛好自然的人們嚮往的生活方式，即便後來他回歸城鎮，也不斷藉由散步、旅行，示範與自然互動的方式。

我們之所以親近大自然，與自然互動有三種模式。第一種是好學問名型，不管是圍著解說員或指導老師發問或查閱圖鑑，以自然知識的追求為主。第二種是名士欣賞型，也就是到大自然裡散散心，紓解壓力，呼吸新鮮空氣，不在乎植物、昆蟲的名稱。第三種是形上哲思型，在大自然中追求靈性的成長，直接感受大自然的奧祕。

這三種模式也表明了大自然對人類三種不同層次的功效。第一是具象的，鳥獸蟲魚的知識的確對我們生活的物質世界有所幫助，畢竟人類生存與發展的憑藉都來自於大自然，甚至美的源頭、想像力與創造力的根源，也都是來自於大自然。同時多到大自然走走，對於我們的身體健康也有所幫助。

第二層是心，也就是精神，人到大自然可以紓解壓力，從大自然豐富的生命裡可以激發我們的好奇心與對生命的熱情。第三層就是靈性的部分，也就是宗教的層次，探索生命的意義，人從哪裡來，人死後到哪裡去，這種生命萬物一體的共同感。

這三種不同層次的作用，每個人都可以各取所需。

或許我們應該忘掉技巧、忘掉知識。

忘掉知識並不是說知識不重要；相反的，往往知識本身就有感動人的力量。忘掉技巧也不是說親身體驗感官接觸是不重要的；相反的，經由技巧的指引，讓民眾自己動手、自己體會，留存的感動與印象也會比較長久。因此強調「忘掉」的原意是要提醒大家，解說教育真正目的是要有效，除此之外，一切都只是枝微末節。

荒野保護協會為什麼對志工那麼小氣？

荒野保護協會推動環境教育的形式有百百種，其中有極少部分的自然體驗活動屬於讓一般民眾公開報名繳費參加的，帶隊的伙伴都是志工，和其他辦培訓或執行各種計畫與合作案的志工一樣，都沒有任何車馬費。

簡單講，你在各種場合看到不計其數熱情的荒野伙伴，只要是志工身分，就是不拿任何錢，甚至連便當錢都得自己出。現在來看，這似乎是理所當然的，不然荒野保護協會同時在全臺灣各地行動的志工成千上萬，若是每人每星期吃一個免費便當，協會哪負擔得了？

但若回到二十年多前的歷史現場，這可是一個困難的選擇，現在想想，幸虧當時的堅持，荒野才能不斷成長，不但志工人數規模龐大，而且都是非常熱情且有理想的伙伴。

一九九〇年前後，是全世界，當然包括臺灣，對環境保護與永續發展的追求，雖然是剛萌芽，卻也是最為熱情的時代。

荒野保護協會成立前後，臺灣有好多以環境教育為宗旨的協會成立，再加上國家公園等公部門，所有團體都在培育訓練自然解說員，有志一同的從引領民眾認識自然環境著手。

當時各個團體的解說員雖然名稱是志工，但大部分這些志工在帶隊時都有三百、五百，甚至一千元的車馬費補助，至於公部門雖然不方便給車馬費，但誤餐費或制服及零零星星的福利也少不了。

荒野起初也是如同其他團體，有給一些微薄的交通補助與便當錢，雖然當時身為義務職祕書長的我覺得為什麼帶隊的志工因為活動有收錢、有盈餘就可以發誤餐費，但其他來協會幫忙打理其他眾多繁瑣雜務的行政志工就沒錢？若是為了公平一視同仁，當志工就有便當可以吃，那麼該如何認定他是認真的志工還是到協會晃晃打發時間的會員或只是路過的民眾？

我雖然覺得不管錢多或少都不應該給志工，但有的幹部擔心其他團體都有，我們沒有，會不會那些志工就跑到其他團體了？也有的訴諸於溫情，說很多解說員是學生，他們犧牲工讀或兼家教的時間來幫荒野帶隊，給他們一點補貼於情於理也說得過去。

當時心裡雖然覺得不妥，但一方面鑑於「君子不擋人財路」，另一方面私底下持續遊說幹部，同時發展除了自然解說之外的工作委員會，有了更多不同種類的「專業志工」，才好一視同仁把自然解說「專業志工」的福利拿掉。

總之，大約是荒野成立兩年之後，我們的會務支出才完全拿掉車馬費和誤餐費的項目。

至今印象很深刻的一幕，當時與穿山甲（陳俊霖，精神科醫師）聊取消「福利」後會不會流失解說員，當時穿山甲講了一句話：「我們給錢，吸引到的志工就是希望拿錢的；我們不給錢，留下來的就會是單純想當志工的人。」

穿山甲的支持給了我很大的信心，我就放膽地堅持奉獻的純粹性：「如果在乎那幾十塊的便當錢或兩、三百元交通費的話，就等他們不在乎時再來荒野當志工吧。」

當這個原則確立之後，這二十多年來，不管是參加任何活動或課程訓練，只要是以志工身分出現，大家都一樣是義務服務的志工，因此任何訓練我們都可以讓所有想出席的志工參與（不給錢，也就是沒有依預算所產生人員編制的人數限制）。

想想看，如果帶活動的志工有領個五百或一千元補助，是否會依活動收入來編列只能搭配幾個志工，而這些可以拿錢的志工當然會找比較有經驗、比較資深的志工來帶，久而久之，就會變成只有少數人能上場，甚至形成無形中的階級。

當然，不可諱言的，這二十多年來，偶爾會有新加入的志工不了解，認為其他團體都有，為什麼在荒野做一樣的事就是做白工？偶爾的不愉快或因而流失也在所難免，但我還是認為荒野是善於等待的，等你不在乎那點錢時，荒野保護協會隨時歡迎大家來當志工。

互挺的荒野伙伴關係

星期天上午與太太開車到社區大門，準備搭公車轉捷運，再搭高鐵到臺中，車子離家門不到二十公尺的山路上，從錯身而過的車裡傳來打招呼的聲音，匆促間聽不清楚是誰，蘊慧懷疑會不會是昨天在花蓮碰面的伙伴。

前一天中午與花蓮的荒野親子團伙伴吃飯時，才得知隔天他們將到我住的花園新城，因為北部親子團育成會正舉辦基本訓練，他們要來「探視」。

當蘊慧得知他們從花蓮大老遠來到臺北，之後又有一大段路程來到我們所在的山上，只是為了探視團裡正在這裡受訓的伙伴，兩、三小時後就循原路回花蓮，老婆大人直嘆真是太瘋狂了！

到了臺中，剛好碰到荒野祕書長松雀鷹，他之前曾在親子團當了多年志工與幹部，就問他到底是怎麼一回事，怎麼會有這麼瘋狂的事。

只見松雀鷹聳聳肩，一副你真是少見多怪的樣子：「每次訓練快結訓前，有時段是探親時間，而那些各團前來探視的家人大概都有兩百人之多吧！」

蘊慧聽了下巴都快掉了：「親子團裡的各區、各級、各個種類的幹部訓練營隊，每年應該有二十來場吧，每次都這麼勞師動眾，豈不是太浪費人力了！」

松雀鷹回答：「這就是所謂的相挺吧！」

我忍不住插話：「其實除了荒野親子團有這麼濃郁的情感聯繫之外，荒野各志工群組裡的伙伴關係也常有這種為朋友兩肋插刀的義氣。」

我說了一個過往的故事。

那年我當理事長時，依慣例我的課都排在志工訓練的最後一天或最後一堂課，上完後順便頒發結訓證書。

忘了是哪一期的自然解說員訓練，結訓地點在宜蘭雙連埤，當天傍晚我與數個伙伴坐著解說組幹部穿山甲（陳俊霖，又名村長）開的車，從臺北出發到宜蘭，那時高速公路還沒完工，我們沿著九彎十八拐的山路開了三個多小時才到。

剛好趕上結訓晚會選定點，也就是公開選出他們以後在荒野當志工的長期分組。穿山甲在營火最外圍默默看著，當晚會進入尾聲時，他和我打個招呼說他明早有事，先回臺北了！

我大吃一驚，想說他開那麼久的車來，待不到兩小時，也沒有上臺講話，就這樣回臺北，那麼他幹嘛來呢?!

只見穿山甲淡淡地說：「因為這期訓練的召集人是我們組的伙伴！」哦，他是專程來「探班」，也就是松雀鷹口中的相挺。

前兩天我和蘊慧講這個故事，想不到昨晚就和穿山甲碰面，因為無意中從網路上看到他在臺北市圖總館有一場演講「綠色護照——生態保育與醫療保健的結合」，這是他這些年將精神科醫師的專業與生態保育及園藝治療結合的成果報告。

演講結束，等他的眾多粉絲散去後，我和他一起去吃宵夜，想想也有好多年沒遇到了，但當年並肩作戰一起打江山的伙伴，見面是一點也不會生疏，感覺似乎不久前大家還在一起打打鬧鬧、互相消遣的熟悉。

吃完宵夜，在捷運站揮手告別，坐在車裡腦海中浮現許多人的臉孔，雖然這些年社會大眾提到荒野都會以徐仁修老師和我為代表，但其實以荒野為終身職志的伙伴非常多，比如穿山甲與浮游生物（柯典一，荒野成立二十五年來一直都擔任副理事長）都是從荒野籌備至今，還在荒野的第一線，倒是徐仁修老師和我在卸任荒野理事長後，就不再過問會務，也不必再出席荒野難以計數的志工訓練和許許多多的會議與活動。

很多年前，許多志工幹部早就體會到，荒野的理事長雖然同樣是志工，但必須投入的時間絕對如同全職上班，甚至不誇張地說，是連週末假日都得投入，一年三百六十五天，天天都有活動或會議必須出席的志工，這是無法「改善」的，因為荒野的分會及志工群組實在太多了，而志工的各類訓練也太多了。

伙伴的相挺是荒野的文化，相挺就是人要出現，就是要投入時間。雖然如此，但每個人都心甘情願且活得興高采烈。

老荒野同學會

這些年在年終時，荒野保護協會臺北分會的老伙伴，蘇崧棱（自然名叫樹大棵，也是大夥稱呼他的德高望重）都會出面號召舉辦老荒野同學會，每次大約都有七、八十位左右的荒野老伙伴出席，看看大家的荒野資歷，七、八成是在協會成立之初五、六年就開始當志工，少數是成立十年以後才加入荒野，這些荒野資歷不滿二十年的「新」伙伴，大多目前持續在荒野當志工幹部，所以和這些早期老伙伴或多或少都有聯繫。

很開心看到這些荒野成立初期一起打江山的伙伴，雖然許多人因為成家立業，因為工作或家庭，而漸漸淡出荒野，但相信每個人都會懷念年少那麼純粹的信念與付出，那是生命中值得記憶的青春啊！

當然，也有一些很幸運，或者很幸福的，二十多年來一直待在荒野裡當志工的伙伴，也是因為他們一直在荒野，才能串起老伙伴和現任志工幹部的連結。

一九九九年，九二一大地震後，我寫給伙伴募款信裡提出讓臺灣擁有一個全民性百年環保團體的期待，當時我提出幾個條件，這是一個全民參與（眾多志工願意行動、出錢又出力），獲社會信任，財務以民眾小額捐款及會費為主，會務公開透明……

或許當初的指標還要加上兩個互為表裡的條件，第一是這個團是否讓曾參加過、擔任過志工的伙伴以曾是它的一分子為榮，並且有機會的話，就義不容辭願意幫忙。

第二是，這個團體是否不斷有新伙伴加入，並且勇於承擔新時代的挑戰？百年團體的關鍵就是有一棒接一棒的優秀人才持續加入。

這個年終聚會前一個月，伙伴們在 Line 上開了群組，並翻箱倒櫃找出當年的老相片做回顧。其實不用看相片，即使再相隔二十年，彼此再相見時，我們看到的其實不是眼前的形體，而是穿越時空到當年彼此初相識的音容笑貌。

我們像是那各自下山打天下的同門師兄弟姐妹，即便日後已練成各派掌門人，大家記得的仍是彼此的原形啊！

錢與卡片

荒野每年有數百場志工訓練，其中包含十多個不同群組，有各自的工作任務及專業，而這些志工訓練除了初入門的訓練外，還有許多進階的訓練，種類繁多。

大部分課程的講師都沒有鐘點費或車馬費（除了少部分初階課程較熱門，志工報名踴躍經費足夠，得以編列講師費），通常進階或愈高階的志工培訓，學員是荒野正在服勤中的志工，而講師是荒野最資深的志工，通常沒有講師費，但會有比錢更珍貴的卡片。

錢轉眼花了就沒有了，但卡片留存的是記憶與珍貴的伙伴情誼。

前天到荒野領航員第二期研習營收到這三張卡片，兩張是巒大杉代表培訓團寫的，巒大杉是培訓團團長，一張是輔導員東北虎寫的，東北虎是很資深的志工，將近二十年前曾寫一篇文章，篇名就是〈東北虎，出來玩〉。

東北虎，出來玩

最近東北虎到處找人出來玩。她是荒野臺北炫蜂第一團的家長，即將在二月分出任團長。她在《荒野快報》一三〇期寫了篇文章叫〈陳詩玫，出來玩！〉，十月分在陽明山荒野第一期導引員訓練時，她在耀國的帳棚外面大喊：「林耀國，出來玩！」嚇得正在帳棚裡打坐的耀國差一點走火入魔。

十二月三十一日全國各地的荒野炫蜂團導引員在花園新城聚會時，她看到我，又小小聲地吶喊：「李偉文，出來玩！」剛好又收到有位伙伴傳來一些感慨：「當不成壞人，是我心裡最大的遺憾！」於是又聯想起很多事情。

平常許多荒野伙伴看到我們時，不是在臺上人模人樣地致詞，不然就是在課堂中一付道貌岸然「有理想、有使命的青年」般在發表「勸世文」，不免以為我們整天都正經八百的，其實呢，荒野每個人都是很愛玩、很瘋狂的！

早年十一月十二日醫師節還有放假的時候（應該是國父誕辰紀念日全國放

假），十一月十一日是某位伙伴生日，我們一群人下班後約碰面，前往陽明山玩耍，吃吃喝喝泡溫泉，到了半夜兩點，忽然想起山的另一邊的淡水有位朋友開海報藝品店，電話聯絡不到人，大伙兒也不管，直接找到他開的店，我們到達，他們也剛回家。於是煮咖啡的、放音樂的、找酒的，還有人把店裡擺設搬一搬，就跳起舞來了，過沒多久，有人來敲門了，原來附近淡江大學的學生來提醒我們要小聲點！

哇哈，一群中年人居然被大學生嫌太吵、太瘋狂了。

以前自己刻了一個閒章——人不痴狂枉少年。步入中年之後不敢再用，怕別人說：「這人老了，一直在提當年勇。」其實不是啊，心底想的不只是人不痴狂枉少年，而是人不痴狂枉中年啊！

大概真的是自己長得太一本正經，從學生時代參與的社團或活動都是「仰之彌高」的理想性活動，比如說山地醫療，口腔衛生推廣服務隊、系學會，或者是創辦童軍團，當班代、當社長……理應是嚴肅又有理想的「有為青年」，非常遺憾的，大家都不知道，我很喜歡開玩笑。當年學校有幾件「公案」至今沒破，因為沒有人相信是我主使的。

當年，每次逢年過節，我總會來個惡作劇，調劑調劑醫學院沉悶的氣氛。頭些年是小規模的，後來愈玩愈大，以全校為對象。比如說，學校在註冊當天是人最多的時候，我在註冊前一天就會找一群同學，大家寫好各式各樣好玩的春聯（冬天時），半夜，穿好黑衣、黑褲、運動鞋，到學校各處張貼（像是教官宿舍門楣貼上「六畜興旺」等），我們都用疊羅漢的方式貼到讓人撕不到的高處。

夏天不適合貼春聯，就改吹保險套。早些日子從醫院的家庭計畫服務單位找來許多保險套，像吹氣球般吹得很大（真的可以吹很大，你現在就可以試試看），還特地去買鮮乳加在裡面，然後一樣是用疊羅漢的方式綁在大家一定看得到但又扯不到的高處。

據說當年教官們在低年級班上詢問了很久，卻不知是誰做的，他們哪知道主謀是早就和他們及老師們、主任們平起平坐的實習醫生們。據說有幾個「大氣球」一直被解剖學教授保護著不被拆下來，這是後來留在學校當助教的蘊慧和我說的。

雖然這些讓大家在煩悶壓力大的醫學生活中有些活潑氣息的點子出自於我，但平日我從不參加那個年代流行的舞會、郊遊。有一次同住的室友參加完郊遊後，照例又和我吹噓半天說一起去玩的他校女孩如何又如何……當時我正在看一些名人的書信集，剛好有幾段纏綿悱惻的，我隨手抄了幾段，寫封不具名的仰慕信，偷偷寄給我那位室友，那位同學簡直高興得不得了，在班上那群郊遊舞會的同學中自豪了好幾個月，一直到了三、四年之後，不知聊什麼，他又提出這件令他引以為傲的事，我才幽幽地說那封信是我寫的。

哪知道他居然不相信，害我花了好幾十分鐘翻箱倒櫃找出那封信所抄錄字句的原文出處！（後來我有點後悔，既然三、四年都沒說破就不應該說穿，能讓他一直懷有這世上曾有一個人仰慕他、欣賞他的甜蜜感覺，這位好朋友在四年前總算結婚了，我特地到南部參加他的婚禮）。

《菜根譚》裡有段話說：「君子閒時要有吃緊的心思，忙處要有悠閒的趣味。」用輕鬆自在的心情過日子，懂得所謂戲而不謔，開玩笑而不傷人，同時隨時提醒自己調適生活上的壓力，這些大概是在都市叢林裡重要的一項求生之道了！

荒野的，出來玩！

有一次在飛機上，有個調皮搗蛋的小孩子幾乎把每個乘客搞瘋了，當空中小姐推著咖啡及茶的小車子出現，那孩子跳上跳下，不小心把空中小姐撞倒，弄得紙杯、咖啡倒滿地，空中小姐嘆口氣說：「唉，你為什麼不到外面去玩呢？」

奧修大師說過一個故事，有個父親把他的兒子叫來，問他說：「你母親告訴我，你打算離開這個家，這是真的嗎？」

打算離家出走的男孩很確定地回答：「是的。」

他父親以嚴肅地語氣說：「那麼，當你決定要走的時候，告訴我，我要跟你走！」

來吧！荒野的，出來玩吧！

遠在德國教書的胡湘玲伙伴回應我之前寫的文章，呼籲大家一起出來玩：

「出來玩！出來玩！出來玩！」

「不行，我媽媽不准！」

「不行，我媽媽說我才洗好澡，不可以弄髒！」

「不行，我要考試了！」

拜託、拜託，請不要和我們以前一樣。

湘玲有次邀請大家一起到南投蓋房子，荒野的常務理事陳楊文伙伴已報名。汪惠玲伙伴也回應說：

多想沒有顧忌地對著同伴們大叫一聲，但想到如果不好玩、如果同伴有事、如果被拒絕……這句話總是不能如同兒時那樣理直氣壯地脫口而出。

是啊，大家都怕，大家都不再呼喊！大家都躲在家裡看電視。詩人艾略特說：「電視是種娛樂媒體，它能讓千百萬人在同一個時間聽同一個笑話，而每個人仍然孤獨寂寞。」

我們不是常以《少年小樹之歌》的一段話當座右銘嗎？——當你遇見美好的事物時，所要做的第一件事，就是把它分享給你四周的人，這樣，美好的事物才能在這個世界上自由自在地散播開來。

荒野人，出來玩！

荒野人，勇敢地叫你的朋友一道來玩吧！

有點年紀的朋友對於這個句型「×××，出來玩！」應該很熟悉，在那個街頭巷尾還可以玩耍的年代，在那個還沒有綁架、街上有三輪車的時代，街坊的鄰居，哪一位沒有互相在彼此的門口外高聲地呼喊：「×××，出來玩！」

在荒野中，哪一次不是伙伴們一吆喝，大伙就出現，再難的事我們也敢去做了，再大的困難也被我們笑著跨越了，再遠的夢想，不經意中都已實現了！

宜眞與阿傑——愛在荒野流動

電影《愛，讓悲傷終結》裡，蓓卡問：「悲傷以後會消失嗎？」媽媽回答：「不，我不覺得會，至少過了十一年我還沒辦法忘記。但是它會變。」

蓓卡問：「怎麼變？」

母親說：「我不清楚，我想可能是它的壓力！某個時候變得比較承受得了。你可以從它的陰影底下爬起來，然後把它當成磚頭放在口袋裡。有時候也可能忘了它的存在，但是不小心又碰到它……發現它還在。喔，對，它在那……」

生命中很多悲傷沒有終結的時候，但我們可以用很多方法來看待它，和它共處一生。

之所以想起這段話是過年到阿傑家泡茶的緣故。

有一年全家到東部過年，根據B寶提供的年輕人形容詞，因為「人品大爆發」，一路都是適合出遊的晴天，直到大年初三與阿傑有約，回到臺北才知道，原來整個春節假期北部都在下雨。

阿傑與宜真原本住在我們家樓下，後來幾次搬遷，大多在新店附近。宜真過世後，阿傑到東部療傷，接著又搬回新店某個山裡頭的社區。

這個社區雖然算老舊，但建在山裡頭，看起來頗為自然協調，而且房子經阿傑重新設計與裝潢，感覺舒適又有氣質。

參觀新居，看到書房中的書桌正前方有個畫架，擺了一張宜真的放大相片，原來阿傑放大了數十張宜真的照片，畫架上的相片，每週換一張。

阿傑的雙人床上，另一個枕頭上面也擺了一張宜真的相片，彷彿仍與她共枕。

參觀完整棟房子，在品茶桌前坐定，阿傑擺設好各式茶器，先倒一杯放在旁邊空位上給宜真，才開始我們的閒聊。

宜真與阿傑因荒野與臺北鳥會的活動而認識，宜真大學畢業就加入荒野，而阿傑是鳥會志工。他們的結婚典禮是由荒野與鳥會幫忙籌劃，他們也把禮金全部捐給這兩個團體，並期望所有參加婚禮的親朋好友都能加入這兩個團體。

宜真過世時，不收奠儀，並幫前往祭悼的親友捐錢給公益團體，她臨終遺贈了一百萬元。

很感動宜真貢獻出生命中最重要的兩個典禮給保育團體，對我們家而言，更是幸運，他們住在我家樓下，夫妻倆結婚時就說好不生小孩，所以他們有空時會逗著當時還在讀小學的AB寶，甚至AB寶考上大學後有一段長長的暑假，宜真帶著AB寶搭橫跨整個西伯利亞的鐵路，從北京一路玩到莫斯科。

阿傑這大半年都在整理宜真的遺物，並把一些文字照片集結成冊，分享給曾陪伴過宜真的親朋好友。

宜真是企管顧問，雖然因為愛好大自然而顯得浪漫，但實際上生活很嚴謹且有紀律，留下完整的行事曆與日記，阿傑正在慢慢地分類打字整理。忘了聊到什麼話題，阿傑從房間找出一本行事曆，翻到宜真用英文寫下的幾個她的擇偶條件那一頁給我們看，除了一般比較常見的，要有專業、做事認真等之外，居然有一條是——要積極擔任荒野保護協會的志工。

多年來，我常羨慕他們年紀輕輕就能如神仙眷侶般，一起遨遊於天地間，尤其阿傑在七年前離開高薪工作，到東沙島駐紮半年進行生態調查。當時他知道一離開原本的工作，大概就回不去了，但在宜真鼓勵下（東沙島的訊息還是宜真告訴他的），以及盤點自己工作十五年累積的存款所投資股票產生的「被動收入」，大概可供往後生活的開銷，就勇敢地離開職場。

而當年他與宜真剛結婚不久，他知道宜真一直希望能有到外國工作的經驗，也鼓勵她爭取派駐芬蘭工作半年的機會。

兩人互相幫對方圓夢的心意實在令人感動。

一邊喝著阿傑幫我們示範的泡茶藝術（他剛考取茶藝師執照），一邊聽著感人的故事，吃過午飯來拜訪，步出房子夜已深。

看看伴在身邊的AB寶，荒野成立那一年她們出生，如今已是獨當一面的社會公民，三十年來，荒野裡有許多故事在發生，愛也在荒野裡流動。

讀小白鷺的卸任感言有感

荒野年會結束，回到家裡，瀏覽臉書與 Line 裡的訊息，看看伙伴們拍的照片。其中引起最多迴響、按讚與留言數最多的是小白鷺的卸任感言。小白鷺歷任小組幹部，然後擔任理事，以及常務理事，已有二十年荒野志工的資歷，這一屆卸任回歸單純志工，帶著孩子在荒野親子團裡以家長的角色出現。

看到留言裡有很多現任幹部都感謝當年小白鷺的帶領，甚至已晉升為「白鷺公」的老資格。想起當初，荒野成立那一年我三十四歲，一群與我同年齡層的伙伴負責行政會務，負責活動規劃與帶領的是小我約十歲，以穿山甲龍頭為核心，一整批大學畢業沒多久的年輕伙伴。

大約過了五、六年，荒野初具雛形，又有一批幾乎同時加入荒野，與小白鷺同年齡層的年輕伙伴在荒野裡活躍。

我對這兩批人特別有印象，或許是因為他們年輕，當時沒有家累，所以能夠投入工作之餘的所有時間與精力，天天下班後就在協會裡待到半夜，而且至今仍持續擔任重要的志工幹部。

小白鷺在感言裡寫：「仔細回想擔任幹部十多年的時間，運氣似乎很不好，想要的機會總是晚了幾年才來。」我回頭看自己在荒野當幹部那些年的感覺也是如此，有些遺憾，總覺得若是當年更成熟些、更聰明、更專業一點，也許就會更不一樣，但如同小白鷺從另一個角度想的，只要忘我地持續努力，當年錯失的機會，其實是上天用不同的方式來成就我們。

小白鷺當推廣講師總召集人時，「年輕氣盛，不顧一切往前衝」，推廣講師志工群組雖然是荒野第二年就成立，但一直很單純，沒有特殊訓練與要求，外面社團機構有邀請時，找有時間的伙伴拿著一、兩套現成的投影片應邀演講，直到小白鷺接手才發展出非常嚴謹且有系統的培訓方式。當時他是理事，感慨或許因為不是常務理事，沒有爭取到足夠資源實現他的理想。

因為他的努力與績效，之後換屆改選就順利進入常務理事會，荒野的決策核心。有趣的是，小白鷺卻體會到：「擔任常理後，學會從全會的角度來看待事情，做事也會瞻前顧後，許多事大概就不敢做了。」而且能以更全面的角度知道其他幹部遇到什麼挑戰，做了多少事，他說：「我大概就囂張不起來了，不太有勇氣盲目向前衝。」

純真浪漫、義無反顧地往前衝與老成持重、慎思熟慮地踩剎車，這兩種相反力量如何在荒野不斷地成長中拿捏一個平衡點，相信會是一個永遠的課題，同時如何讓當下身處兩個光譜極端，不同追求重心的伙伴能彼此諒解並肩前行，再再考驗著志工幹部的智慧。沒有標準答案，但小白鷺這番感想值得現在與未來荒野的領航幹部放在心上。

小白鷺感慨時機錯過有部分指的是資源沒有及時到位，想做事的人若是為了省下兩、三千元而必須耗費心力找便宜的場地，或是因欠缺那麼一點點經費而無法達到預期目標，真的令人扼腕、捶心肝。雖然游擊戰精神白手起家的成就感一直是老荒野人的驕傲，但時代在變，如何在保有志工奉獻精神之餘，善加利用社會資源，也會是不同世代荒野志工幹部永遠的挑戰。

小白鷺最後說：「老天真的待我不薄，讓我在對的時候，於荒野中得到滋養，也在我最需要退下時，創造了最佳時機，可以不帶罪惡感地卸下職務……能更自然地從荒野中汲取各種所需的珍貴資訊給我的小孩。」

「悠遊在荒野的豐富裡」是我多年前寫的一篇文章標題，也是荒野這個實體組織多年來努力建構的，期盼任何人在任何年齡都可以在荒野裡行動學習與成長。

「荒野是善於等待的」，這也是我多年前的一篇文章標題，年輕志工成家立業因家庭暫時無法當荒野志工，沒關係，等生了孩子可以帶著孩子回到荒野；伙伴因工作忙碌無法持續參與荒野，沒關係，等工作告一段落，等退休，隨時都可以回到荒野，一定會有當年並肩作戰的老伙伴張開雙臂歡迎你回歸荒野。

荒野恆在，是我們共有的生命之樹。

小白鷺的卸任感言

下午利用小孩午覺時間，匆匆忙忙地到荒野見見老朋友。未來大概比較少有機會參加這種會議，定期與認識多年的老荒野人見面了。因為今天起，要卸下荒野的幹部身分，將多數時間給小孩、給家庭。

回程時，仔細回想擔任幹部十多年時間，似乎運氣很不好，想要的機會總是晚了幾年才來。

接任推廣講師總召時，積極開疆闢土，總覺得協會給的奧援不足，不免感嘆，如果那時是荒野的常理就好了，應該就可以要到該要的資源，推廣會更順利。

成為常理後，組織編採志工成立悅讀荒野粉專，開始積極投入社群行銷。此時最困擾的是辦培訓，常常為了招生人數與收支平衡，搞得焦頭爛額，用盡力氣找便宜場地，課程只能自己想辦法。那時不免感嘆，如果協會可以更有錢就好了，我們就不用煩惱這些事，有了更多資金，或許就可以盡全力讓快速成長的粉絲數與觸及人數，翻倍再翻倍，讓社群影響力倍增。

這兩年協會有筆資金進來，可以讓各志工群組推動重要事務，然而，編採志工已經不再需要費用辦理培訓了。臉書大幅降低觸及人數，悅讀荒野從一週觸及二十到三十萬人，到現在降到不足一萬，貼文衝不出同溫層，花大筆資源培訓志工創作出沒有人看到的貼文，沒有效益也不再有意義。

假如這些資源或機運可以往前幾年，結果可能很不一樣，推動的事務會更加順利，結果會更滿意才是。

不過，這些都是從事情的角度來看。

從自己的角度來看，老天對我真的好得不得了。

擔任推師總召時，年輕氣盛，不顧一切往前衝。假如那時就進了常理會，看到理事長週週要奔波各分會處理各種疑難雜症、看到親子團總召全國跑透透，累積半年就有厚厚一疊的高鐵車票，我大概就囂張不起來了，不太有勇氣盲目向前衝。擔任常理後，學會從全會的角度來看待事情，做事也會瞻前顧後，許多事大概也不敢做了。如果事情是這樣發展，我大概沒有機會歷練成長那麼多，也沒有機會交到那麼多好朋友了。

推廣編採志工時，如果就有那麼多資源，我們大概沒有機會什麼都自己來，摸索出適合我們的推廣方式，看到豐碩的成果，也不太有什麼白手起家的成就感。

當協會的資源進來之後，如果悅讀荒野的觸及人數還是那麼高，我們一定又不顧一切，灌滿燃料加速衝刺。那麼，現在假日常要為孩子的課程奔波、晚間要接送小孩的固定日程，恐怕會再洗牌，家庭與協會被迫要放上天平兩端，屆時到協會服勤，就不再會是正面與舒暢的時光了。

老天真的待我不薄，讓我在對的時候，於荒野中得到滋養，也在我最需要退下時，創造了最佳時機，可以不帶罪惡感地卸下職務。當荒野幹部們忙於各項事務時，我也不會再為了忙小孩的事情而有羞愧，還能更自然地從荒野中汲取各種所需的珍貴資訊給我的小孩。

未來，我還是會繼續在荒野優游，還是會帶著兩個小孩在親子團中成長，還是會讓悅讀荒野細水長流，只是更輕鬆些、更自在些。

謝謝荒野，荒野生日快樂。

繼續玩耍到地老天荒

雖然我們很早就知道俗諺所謂的「天下沒有不散的筵席」，但總是貪心地希望能與朋友、家人長長久久地相聚，往往以為現在的美好時刻會繼續下去，總是不願想起「滄桑」才是人世間的真理，所有因緣聚合的一切必會散去，包括我們這個血肉之軀也終會告別世界。這樣的體會不會使我消沉，反而會更加珍惜眼前的一切，因為我知道在亙古的時空中，我們擁有的一切都如同露珠般易逝。

有這樣的感懷是某次即將舉行荒野週年慶，伙伴們要我找一些「古老」的相片，活動中要使用。當我翻找資料，當年的情景不免又歷歷在目，也不免懷想起許多老朋友，不知如今都安好否？

當年還是用底片拍照時，總會把活動的相片加洗送給伙伴，我喜歡在背後題些字，我特別喜歡題上這段話：「生命是一場認真的遊戲，我們有緣，繼續玩耍到地老天荒。」從這一句話也可以見到我的貪心了。

余秋雨寫過一段話：「一過中年，人活著很大程度上是為朋友們活著了，各種宏大的目標也許會一一消退，而友情的目標則愈來愈強硬。報答朋友、安慰朋友，讓他們高興，使他們不後悔與自己朋友一場。所謂成功，不是別的，是朋友們首肯的眼神和笑聲。」

人生最真實快樂的事，無非是好友相聚，沒有目的，沒有顧忌，可以忘我地說話，胡亂地發表意見，盡情傾訴心聲。可是，往往年紀愈大，朋友愈少，能分享內心最隱密想法和感覺的朋友愈少，這也是人生的蒼涼之一吧！

我們算是幸福的，一直有著許多朋友從年輕相伴到現在。「相識時，我們是那麼年輕，要老，我們一起老吧！」這句話是這麼令人心驚，也令人心動！

除了這些年自個兒非常忙之外，之前二十多年，幾乎週週都會與朋友們一起辦活動、一起喝酒秉燭夜談，當年的我們只要有這麼一群朋友相挺，似乎什麼夢都敢做，什麼困難都不怕。

有一年春天，藉著新書出版，邀集當年參與荒野籌備的民生健士會老朋友到苗栗的「花自在」民宿聚會，一群年屆半百的老骨頭，重新又拾回當年聊天喝酒至天亮的豪情。

看著這群有點失態的大人，遲玉堃與林國香賢伉儷的小朋友遲蘅偷偷和媽媽說，她很羨慕我們有這樣一群從年輕一直相伴玩一輩子的朋友。

是啊，我們是很幸福的，不過，在荒野裡，有無數的伙伴都擁有如此的幸福，每個志工團隊、每個小組不都是如同家人般，一起活動、一起付出、一起成長，然後各個志工家族再組成荒野這個大家庭。

週年慶邀請了在荒野裡認識而結婚的伙伴出席，也邀請了在荒野這個大家庭誕生的孩子擔任主持人，除了有傳承之意之外，也是我們都是荒野大家庭一分子的隱喻啊！

總是好想告訴人們，有一年啊，有一個地方，有一群人……

荒野是一場熱鬧的集市，多少生命的豐富在裡面流轉，大伙錯過不得啊！

最初相識時的聲容相貌

總覺得荒野保護協會很像學生時代的社團，在荒野當志工與伙伴一起參與各種活動，彷彿回到年少，那種最純真、也最純粹的友情，在社會上認識或工作時交到的朋友多少有些利害關係，難免感受到世俗的風霜，心境上也會愈走愈孤獨。

但是，不管過多少年，當我們見到荒野老伙伴，不管他是頭禿了，還是身材臃腫，大家記得的仍是當初彼此的原貌。真的是如此，一起在荒野為理想、為公益努力，一起流汗，也一起流淚，當然也一起大笑、一起學習、一起成長，大伙就像是同門師兄弟姐妹，即使過了很多年，已練成各門各派的掌門人，但在彼此眼中，還是最初相識時的聲容相貌。

我們都會把超級好朋友稱為知己，就是知道自己的人，其實從好朋友身上可以看到自我，朋友可以說是另一個自我，至少是人生某個階段的自己。因此，年少的朋友長大再見到時，往往會提醒我們年輕時曾有的興趣或理想，原來，不忘初衷也是年少朋友給我們的禮物。

作家席慕蓉有段文字描寫得非常貼切：「好多年沒有見的朋友，再見面時，覺得他們都有一點不同了。有人有了一雙悲傷的眼睛，有人有了冷酷的嘴角，有人是一臉的喜悅，有人卻一臉風霜，好像幾年沒能與朋友共度的滄桑，都隱隱約約地寫在彼此的臉上了。原來歲月不是真正逝去，只是從我們眼前消失，卻轉過來躲在我們的心裡，然後再慢慢地改變我們的容貌。」

以前有首流行歌曲，其中有段歌詞有類似的心境：「常常忽然想起年少浪漫的時光，大伙聚在一起做些瘋狂的事情，就算現在還有這樣的心情，這樣的朋友不會再有，才相聚便分離，散聚容易……」

對於友情，我是貪心的，我想要有許多三十年的朋友！在塵世裡所有的追求與努力都過去之後，我們可以滿面皺紋，怡然相對，喝一壺粗茶，品一杯好酒，談一些閒話，享受經過沉澱的人生醇味！

我們都是荒野裡不老的精靈

拖著稍顯疲累的身體，在三十多小時裡只睡兩個鐘頭的情況下，告別荒野幹訓營的伙伴，從新店山上趕往陽明山，參加荒野炫蜂團第一期導引員訓練的結訓授證典禮。看著伙伴們又哭又笑、又跳又叫擁抱成一團的真摯情感，讓我的心情又振奮起來了！

想起幹訓營時，天母小組長吳英珍伙伴說：「頂著白髮與年輕伙伴一起開會覺得有點不自在。」吃飯時綠活圖召集人汪汪說：「我的年齡與偉文差不多，就這樣，不能再說了！」在陽明山上，香萍拿到證書，底下伙伴消遣她：「妳有三十歲嗎？」我聽了忍不住透露：「香萍與我同年，只是她的小孩快上大學，而我的孩子幼兒園才剛畢業！」

授證時，我好幾次忍不住偷偷向純如求證：「這些人是炫蜂團小蜂的爸爸、媽媽？」看著洋溢著年輕熱切光芒的臉龐、又哭又笑的飛揚心靈，怎麼像是育有子女的「大人」呢？

常常在荒野裡發現「妖精」。

常常聽到荒野裡此起彼落的驚嘆聲：「看不出你有這樣的年紀！」的確，我常常猜錯伙伴的年紀！

不管任何年齡，對荒野來說，都是「正好的年紀」！尤其是四年級、五年級生，開始面對「中年」危機這樣驚心動魄、步步危疑的時刻（在浴室鏡子前，在搭電梯裡，不小心發現一根又一根的白髮，只好去染成鮮綠或桃紅以示青春）。

不管年齡大小，荒野裡的伙伴都是處於正好的年紀！我們胸膛裡猶有熊熊燃燒的理想，也有多管閒事的熱情，更有為朋友兩肋插刀的義氣；我們心靈柔軟得足以傾聽朋友內心裡的渴望，也足以回應來自大自然裡微弱的呼喚（山川、大地、鳥、獸、蟲、魚，為那些不能自述的受苦者說話，為那些不能自伸的受屈者表達）！

張曉風有篇文章〈情懷〉我再三誦讀，她這麼說：「四十歲還會有少年俠情嗎？為什麼空無中總恍惚有一聲召喚，使人不安。」

「四十歲了，沒有多餘的情感和時間可以揮霍，且專致地愛腳跟下的這片土地吧！且虔誠地維護頭頂的那片青天吧！生平不識一張牌，卻生就了大賭徒的性格，押下去的那份籌碼其數值自己也不知道，只知道是餘生的歲歲年年，賭的是什麼？是在我垂睫大去之際能看到較澄澈的河流、較清鮮的空氣、較青翠的森林、較能繁息生養的野生生命……輸贏如何？誰知道呢？但身經如此一番大博，為人也就不枉了。」

誰共我醉明月

什麼是浪漫？

情人節裡在布置豪華的餐廳吃燭光晚宴？

在花前月下海誓山盟？

或者，像電視劇裡常出現的畫面，冒雨在屋外站一夜，或獨坐海邊一支接著一支地抽菸？

我想，浪漫是一種本質，而不是一種行為的表象。

在我看來，為女朋友獻上一把鮮紅欲滴的玫瑰花，比不上「莫道書生空議論，頭顱擲處血斑斑」那樣以生命來實踐個人的理想！

浪漫是一種生命的情操，是心靈更崇高的呼聲，是追求完美之夢的嚮往，是生活中不斷地實踐與堅持。

秋瑾女士的「秋風秋雨愁煞人」是浪漫的，林覺民的「吾充吾愛汝之心，助天下人愛其所愛」更是浪漫的極致。

活在二十一世紀的現代，在這個喪失理想、喪失方向的時代，我發現能擁有浪漫心靈的人愈來愈少了。

浪漫是生命能量的大量釋放！但我舉目四顧，社會上多的是「三十歲死，六十歲埋」的人，他們渾渾噩噩一天過一天，黯淡無光的日復一日呼吸著（只是活著）。

浪漫就是給自己留一點空間，給現在的生活留點空間，給未來的生命留點空間！年至中年以後，我深切體會到浪漫是驅使人們進一步追求真善美的動力，在生活上是如此，在工作上更是如此。

荒野的伙伴都是浪漫的人。

有位精神科醫師曾形容荒野的伙伴：「檢查精神病患時有個評量表，我們發現荒野伙伴完全符合這些指標，看見別人看不見的東西（細微的蟲、魚、鳥、獸），聽見別人聽不見的聲音（你聽！有隻蟲在叫），幻想達成別人看似無意義的事情

（購買沒有用的荒地留著繼續讓它荒著）……」偏偏這些「怪怪」的人像獅子般有堅強的信心，像駱駝般有綿長的毅力，像長頸鹿般看到了更遠的道路，像天鵝一樣在獨處時有群體的懷抱，在群體中還有獨處的心。原來荒野的人都是浪漫的理想主義者啊！

沒有掌聲的生活

有朋友私訊問我：「有沒有想過，哪天不演講了，沒有掌聲了，可以適應嗎？」

這個問題讓我想起非常多年前，曾經擔任荒野保護協會第一位推廣部專職伙伴的小琦，在聊天中很訝異地知道，原來我很不喜歡講話，非工作時間大多是一個人靜靜地看書，她驚呼：「每次看到你都是話講個不停，又快又急，又手舞足蹈，還以為你是過動兒耶！」

擔任荒野理事長時，我曾代表民間團體擔任十多個從中央到地方的各種委員會的委員，當時有伙伴以為我很喜歡開會，但這是大家的誤解。當我卸任後，全部的會議能移交給新幹部代理的就移交，不能的就在做完任期後就婉拒續任，因為我不喜歡開會，會出席是基於環保理念的推動必須跨界的影響，才參與那麼多乍看似乎與荒野並沒有太大關係的領域。

就像演講，不是我喜歡聽到掌聲，而是當我卸下荒野理事長，省下許多原先必須參與的會議或活動，不必站在第一線當志工時，這是我還能使得上力的社會服務。我是把演講當社會服務來看，而不是為了掌聲。

我喜歡閱讀，覺得最大享受就是閱讀，我始終渴望有許多安靜不受打擾的時間來閱讀，從書裡可以得到一切我想要的，因此對於一般人眼中的物欲或聲名，我向來不太在乎。

當然，除了閱讀是第一優先外，我也喜歡交朋友，雖談不上為朋友兩肋插刀那麼血淋淋，但和朋友一起從事社會公益可以算是我第二優先的生命順位，至於其他就隨順因緣了。

你現在還有參加荒野的活動嗎？

這些年應邀演講與主辦單位的主管聊天時，他們常問我：「你現在還有參加荒野的活動嗎？」

這個問題很單純，但我常猶豫著不知該怎麼回答。若是一般人認知的，參加活動是網路上有公告、需報名的活動，那我的確多年沒有參加，甚至我還在當荒野理事長時就已沒空參加這類公開活動。

但若是以荒野志工幹部的角色參與的荒野非對外活動，那麼一直到現在，每年都投入非常多場，荒野的志工團隊非常多，單單不同團隊的志工訓練或各個層級的幹部訓練，這些不是一般民眾可以參加的「活動」邀請我去上課的場次就不少。

而且若再擴大來看荒野活動的定義，只要是荒野伙伴一起從事的活動，就稱為荒野的活動，那麼我幾乎出門只要不是演講或看門診，十之八九就算是荒野活動了。

這麼多不同層次的「活動」對非荒野人很難解釋，他們也很難理解，至於為什麼要把一個單純的生態保育團體搞成這麼一個「無所不在的荒野」？也把自己搞得那麼忙，其中當然包含我們對未來的許多想像。

附上一篇多年前曾和AB寶聊到，組織的文化與制度各自對組織發展的功能與限制，或許可供有志從事NGO的朋友參考。

帶著團隊飛翔的兩張翅膀

「妹妹說你和荒野幹部演講領導人的素養時，提到文化與制度對一個組織發展的重要，講得很有趣，爸爸你是不是可以和我們再詳細說明一下？」A寶在我們全家週末例行散步之前提出要求。

「沒問題，不只是一個組織或團隊的成長與發展，光是要完成一個小小的活動都必須有許多人投入汗水與心血，有些人會被看見，有些人不被看見，就像一個團隊的運作，有些因素是看得見的，有些因素是看不見的，你們說說看，哪些看得見，哪些看不見？」

A寶想了想回答：「看得見是活動辦得好不好，有沒有達成目標，流程控管得好不好等。」

B寶補充：「看不見的是他們為什麼要辦這個活動，活動的精神是什麼？」

我點點頭，又搖搖頭：「你們講的雖然也算對，但不夠深入。不管是活動還是一個組織機構的運作，我們從表面上看得見的是技術、業績、專業知識、規章以及制度等，背後看不見的是人際溝通、理念想法、態度風格乃至於價值選擇等。」

停了一會兒，我才繼續說：「就以你們現在已經開始經營一些團隊來說，一開始一定是有個共同的目標，然後經過大家討論，決定該用什麼方式達成這個目標，這種方式就是所謂組織的流程，當事情愈來愈多，就會發展出一些具體可行的規則或模式，也就是形成制度，這些過程是我們都很熟悉的，可是當組織愈來愈大時，就必須輔以組織文化來協助，否則單單靠制度，最後會產生許多後遺症。你們先說說看，制度對組織發展有什麼好處或壞處？」

A寶搶先回答：「制度很明確，照章行事，沒有爭議，但壞處就是沒有彈性、死板。」

B寶補充：「制度可以使組織運作比較有效率，減少組織出錯的機會。」

「沒錯，制度最大的好處就是明確又有效率，容易複製，有了制度對組織不斷地成長擴展是非常方便的，但這個世界變化愈來愈快、愈來愈複雜，有許多突發狀況，制度不可能規範到所有細節，這時該如何反應與處理？而且若以防弊角度來看，制度規範再嚴謹，還是會有漏洞，最後一大堆煩人的規定卡死了許多創意，更累死了許多循規蹈矩的人。不過除此之外，對於組織領導人來說，尤其是非營利組織這類公益團體而言，制度最大的致命傷害就是，你依法可以制定組織的制度，但另一批新的幹部也一樣可以依法改變你原先的制度，另訂一套。」

「哦？」A寶一下子還無法領會。

「講一個極端的情況，當一群伙伴辛苦創立一個團隊，努力了許多年，打下一片江山，當他們卸任之後，新的領導幹部可以合法地變更所有目標，甚至組織宗旨，讓創辦人的原始初衷完全不見。這是制度最大的缺點，制度是人訂的，也可以很容易地由人變更。」

「哇！真的耶！」AB寶總算聽懂了。

「這就必須由組織文化來輔助了，文化很抽象，但的確存在。我們會說這是猶太人，因為做事方法就像猶太人；我們也會說這感覺就像是日本的風格，日本有日本的文化，猶太有猶太的文化，臺灣也有臺灣的文化，但沒有人敢具權威地說究竟什麼算是臺灣文化。因為不明確，也沒有人可以去變更。」

A寶要我先定義：「到底什麼是文化？」

「臺灣第一任文化部長龍應台女士曾說，生活就是文化，我們可以這麼說，不管是基於血緣或地緣關係，一群人在生活中所做的各種選擇，有著一致的判斷與取捨，這種獨特的共同價值就是文化。對於在漫長歷史演進中所形成的民族文化，是誰也無法變更的，但對於一個新組成的團隊或企業，的確可以去塑造屬於他們的獨特企業文化。請問，你們會如何塑造團隊的文化。」

A寶思索著：「經過大家討論擬定出來，就像流程的選擇，目標的選擇，背後都代表某種價值選擇，也就是文化的選擇吧？」

我搖搖頭：「文化是累積形成的，不是像制度般訂定，可以大家討論後頒訂施行，也不能用『先知』或『權威』式來告知或規範。」

B寶透露答案：「爸爸演講時再三強調，文化塑造唯一的方法就是講故事，講一些真實發生的感人故事。」

A寶有點疑惑：「我知道在這個時代，商品的行銷要講故事，因為科技與生產技術的進步，產品功能都能一樣好，價格一樣便宜，要讓別人來買你的東西，就只有透過講一個故事來吸引民眾，這叫做感動行銷。想不到塑造組織文化也是透過講故事啊？」

「組織領導人與其他人最大的差別就在於他有論述權，可以主持會議講話、發行刊物、聯絡大家，我們必須利用這些可以發表意見的機會，不斷述說團體裡伙伴之間發生的真實故事，這些一再被述說與轉述的故事就會形成典範，當組織內的所有成員都認可這個典範背後意涵的價值與選擇時，屬於你們團隊具有的文化就形成了。」

這時B寶在旁邊補充：「演講時，爸爸還舉了很生動的說明喔！」

我考B寶：「那麼由你來和姊姊說我當時是怎麼講的？」

B寶想了想：「團隊裡每天都有很多事情發生，有些你喜歡，有些你不喜歡，但爸爸特別強調，不必特別去指責批判你不喜歡的價值選擇，你只要表揚、敘述希望建立的典範故事。比如說，在發生的事情中，挑一件符合你想建立的文化的真實故事來說，故事中被你講到的人下次會繼續做，也許有二、三個其他人會跟著做，那麼下一次發生的十件事就有三、四件是符合你想要的，你就挑另一種來說，那麼下次也許就有六、七件符合你要的，就再挑另一種來說，總之，不斷地講一件又一件真實發生的故事，最後大家都會做一樣的選擇了！」

A寶「哇」了一聲。

B寶補充：「爸爸還說了一件更酷的事，他要大家回答，我們該如何判斷組織的文化已經形成？要用哪一個明確的標準來檢視組織是否已經建立了屬於自己的獨特文化。結果當然是沒有人猜得出，注意聽哦，我有把爸爸的話背下來——當組織裡有任何一個人說我們要這樣做某件事情，此時立刻就有另外一個人說『你這樣做，好像不符合我們的文化』。有這樣的情況發生時，組織就已有這樣的文化。」

我為B寶按讚：「這句話裡的關鍵字是『任何一個人』，也就是組織裡面不管是新伙伴或老伙伴都知道並認同這個獨特的價值選擇。這是非常重要的，也是一個非營利組織可長可久的關鍵要素，因此一個團隊領導人如何善加利用各種媒介與機會，接觸到團體裡的每一個成員，包括新加入的伙伴，這也是一個很大的挑戰，我們那時擁有的工具不多，有點辛苦，現在有各種通訊軟體，溝通管道如此方便的時代，已經輕鬆很多了。」

最後我下結論：「制度與文化，看得見與看不見的因素都要注意到，這像是我一貫提醒你們的，要爭一時也要爭千秋，要務實也要理想一樣，人生各個面向要維持平衡。」

這時ＡＢ寶很有默契地說：「因為爸爸是天秤座的！」

在哈哈大笑中，我們也從社區後山的步道散步回家了。

不要把追求目標過程碰到的障礙當成目標

英國作家理查．柯克（Richard Koch）說：「別浪費時間去超越你對蛇蠍的恐懼，最好的方法就是迴避牠們。」

蛇蠍當然只是比喻，這個句型或提醒可以套用在人生的很多事物上，只要還有迴避的空間，繞過去比正面迎戰來得有效率多了。

「愚公移山」只是成語，就像所有勵志格言般，都只是期待而不會是在真實世界裡發生的事。

我提醒有心參與公益團體當志工的朋友：「不要把在追求目標過程碰到的障礙當成目標。」意思是說，雖然每個志工都是不為名、不為利，只為組織訴諸的理想奉獻，但是，做事情的是有血、有肉、有情緒的人，每個人的生活背景、做事方式都不一樣，在一起做事的過程中，不同意見與摩擦一定免不了，萬一在溝通過程中，態度、語氣稍一不慎，彼此就結下梁子了，也許會讓我們生氣、灰心、想放棄、離開組織，也就是我所謂的「障礙」，可是只要組織的理想還在，還值得我們繼續付出，這個障礙就完全不重要，只要繞過去就好了。

除了當志工之外，在我們的工作或生活，甚至交朋友或與家人相處都一樣，當我們花心力去對抗某件事情時，要提醒自己用更高、更全面的觀點來審視，對抗值不值得？如果後面有更重要的東西，或許就繞過這個障礙，將我們的精力與時間放在值得追求與付出心力的目標上面。

精衛鳥的幸福

古代傳說中的精衛鳥，一次又一次地銜著小石頭期盼來填補波濤洶湧的大海。面對大海，一顆小石頭就如浩瀚人海中的一小滴水，似乎微不足道，可是整個海洋不就是這些微不足道的水滴所集合起來的嗎？每顆水滴也都有它的責任，每顆水滴的貢獻都有它的存在意義。

因此，我覺得做為一隻鳥是幸福的，牠相信自己做的事情十分重要，甚至相信銜石填海或許有一天可以達成。不管是不是可以達到世俗所謂的成功，但他們的生命因實踐的勇氣而活得精彩且值得。

雖然知道力量微薄，但我們不氣餒，因為我們都擁有精衛鳥的信念，也有屬於精衛鳥的幸福。

在荒野裡，我們知道互相打氣、彼此取暖是必需的，這讓我們有力氣繼續往看不見的終點前進。

什麼是伙伴？

一起做事情的人並不等於伙伴，伙伴是我們敢在他們面前表現自己的軟弱、擔憂，甚至恐懼；也敢在他們面前承認自己犯的錯誤；也願意向他們尋求協助。

荒野把志工奉獻的精神推到極致後，能留下來繼續出錢、出力，不爭名、不誇耀，願意為信念與理想挺身而出，一點一滴默默耕耘，彼此在長期的共同承擔與努力後，建立深厚的情感與信任，然後才形成伙伴關係。

突擊隊名言

荒野創會初始，常會以突擊隊的名言來自勉：「長久以來我們憑藉著很少的東西完成了很多事情，所以現在我們能不要任何東西做任何事情！」

荒野到現在已有不少東西了，比如知名度、經驗、專業的行政後勤支援……可是我們的伙伴會不會因而失去了像突擊隊員般，那種一無所有仍繼續往前的勇氣與魄力？

對大地的記憶

什麼是值得我們留存的記憶？除了個人生命與人互動的美好經驗之外，還有一種往往被我們忽略，就是基於人類同為地球生命一分子的天性，那種潛藏在基因裡，來自荒野大自然的呼喚。

美國西部拓荒時期，有位印地安酋長寫給美國的白人政府一封信，其中有段話這麼說：「要在你心中長保對大地的記憶，在你心中長存大地的原貌，並像神愛護我們一樣地愛護大地。你和我們一樣，是這片大地的一部分。這片大地對我們是珍貴的，它對你也是珍貴的。」

忽然想起地老天荒這回事

在荒野中可以與很多伙伴為了理想一起努力，可以勇敢，也可以溫柔；可以金剛怒目，也可以菩薩低眉；有看雲的閒情，也有猶熱的肝膽；更棒的是，可以一起慢慢變老。

想起了張愛玲式小說對白：「忽然想起地老天荒這回事。如果有一天，這個世界崩潰了，還剩下這片荒野，那時，或者你會對我有一點真心……」

人的記憶常像弄亂的檔案冊，一些大事件不知積壓到哪個角落，以至淹沒無蹤，而許多微不足道的片段影像竟隨手翻得，輪廓鮮明得彷彿可以超越時間和歲月。

遠的日子近了，近的日子遠了，對時間的感覺愈來愈模糊。很多感覺和心情像天上的浮雲一樣，隨風而逝，一去便不復返，這時候，才會深深得體會到，我們失去的不只是歲月而已。

很高興這幾十年來認識的許多荒野伙伴，我很珍惜與伙伴相遇的每一個因緣，相聚的每一刻時光。我知道，許許多多現在覺得微不足道的事情，現在很輕而易舉可以做到的小事，在以後回想起來，都將是難得的福分。

曾在一個遊説抗議的場合，一位認識的官員私下問我：「誰付你們錢？現在不是上班時間嗎？你們若沒拿錢怎麼願意這樣付出呢？」

我一下子不知該怎麼回答。

不過，我想，所有荒野的伙伴都能了解，我們的付出就是我們的收穫，而且認識荒野裡這麼多好朋友，是賺再多錢也沒辦法得到的啊！

一切虔誠終必相遇

不管是和朋友或自然生命的相遇，我們是否能心懷感恩地回應生命中出現的機會與緣分？哲學家唐君毅曾寫過一句很美麗的句子：「在遙遠的地方，一切虔誠終必相遇。」

不管是來自書中、影片中，或與家人、朋友的閒談或獨處與自我對話，都必須懷抱虔誠之心，才能遇見來自我們生命中的呼喚。

我們每天都會遇到許多人、許多事，我們也曾參加過許多活動、看過許多文章、趕赴許多約會，但那些經歷絕大部分隨風而逝，了無痕跡，但我們也可能因為某次相遇，而使得生命從此不同。

祝福朋友們在荒野裡都能有如此的機遇，能成為彼此生命中不斷流轉的美麗因緣，這也是佛陀在二千多年前提醒我們的，這世界上所有的相遇，即便是此生的初次相遇，都是在浩瀚時空不斷流轉中的久別重逢啊！

每個初次相遇都是久別重逢，多麼浪漫，也是多麼溫暖的幸福啊！

回顧與前瞻

人到中年，可以往後回顧，也可以往前眺望，知道每一個人都在歷史的中途。就像蔣勳寫的：「有時，我覺得臺灣是一個沒有記憶的地方，一切都在快速地消失、替換。我如何在所有的過去都在不斷被抹殺、否定中，可以有信心我的今日不會遭遇到相同的命運呢？我們需要一些往事，使我們的心情可以重新連接整合起來。」

總是貪心地期盼每個在荒野相遇的因緣都是可以一生一世相伴的朋友。

有許多可資記憶的事物，在我們心頭放久了，就在心裡下種、扎根，成為有生命的事物，也成為我們生命的一部分。在歲月流逝中，偶一回顧，才發現，花開起來了，果也結起來了，甚至還不斷長出新綠。

荒野小語

「在這個世界上，我們能留下的不是獲得的東西，而是我們所付出去的東西。」

荒野伙伴與一般人最大的差異，就是荒野人樂於與朋友分享美好的訊息、分享美好的感動。

不管在活動中，或是在平凡單調的工作中，不管是向親朋好友，或是同事、同學，每個荒野伙伴往往是那個願意傳遞美好訊息的人。

前些日子收到幾位伙伴的電子信件詢問，希望能在廣播中或文章中引用我的文章。

親愛的荒野伙伴們，當然沒有問題啊！

我還要感謝各位能將荒野的訊息、將世間的善意傳播開來。

我常希望大家「以荒野之名」，我寫的任何文字無非是希望以荒野之名，讓更多人知道來自荒野的訊息。親愛的朋友，請隨意引用吧，我們的一切成長得之於太多人的貢獻，我們領受了多少前人的努力與智慧才得以形成今日之我，我願把所得的一切，假設對世間的善意流傳有所助益，能回歸於人世，是我最深切的盼望！

當你遇見美好的事物時
所要做的第一件事
就是把它分享給你四周的人
這樣，美好的事物
才能在這個世界上
自由自在地散播開來

後記　來自荒野的召喚

「我只要走在生命的核心，不在乎邊緣的事物跟不跟得上潮流。」

邊緣相對於核心，看站在哪種高度和採用哪種角度。

曾經聽到某位伙伴轉述他朋友半開玩笑的消遣：「我看啊，會參加荒野的人都是社會的邊緣人！」

我相信除了調侃之外，應該還帶著一絲羨慕，或者一點點欽佩吧，至少荒野的伙伴是勇於面對自己、勇於拒絕物質誘惑和社會主流價值的人吧？

每個人終究得面對生命意義這個大問題。

「我來到荒野，希望能過真正的生活，只去面對生活裡真正重要的東西，看我是否能夠學會它所教導的，而不要在我死的時候發現我沒活過。」

生態保育是漫長且辛苦的路程，腦海中常常浮現一個畫面：我們像是在風雪暗夜曠野中的趕路人，手中只有小小的燭火可以憑藉，因為風大，我們只好用手護著火苗，有時候護得急了，連手都被灼傷了。但是，我們又不能不緊緊護住它，因為在豺狼當道的曠野中，那燭火是我們僅有的依託。

或許個人的力量很渺小，一支燭火的光量很有限，但我們都是擁有者，我們也都是覺知者，荒野伙伴願意奉獻出自己的力量、自己的光芒到團體裡，讓我們可以更堅定地走下去。

請各位朋友當那呼喚者，當那機緣的起始點，請將訊息傳給您認識的朋友與同事，讓他們傾聽這來自生命源頭的呼喚。

謝謝您。

VIEW 系列 152

看見荒野：土地與人永續美好共生

作者——李偉文（牙醫師・作家・環保志工）

座右銘是「一生玩不夠」，生命中最期盼獲得的禮物是「慈悲」與「智慧」，智慧的追求透過閱讀，慈悲則靠號召朋友從事公益服務人群來實踐，因此生活的重心是「閱讀、朋友、大自然」。

喜歡朋友與大自然，曾擔任童軍團長，並在三十年前與朋友們成立了荒野保護協會，初期辦公室還設在自己的牙醫診所內。喜歡閱讀，所以將診所變成了可供社區民眾借書的圖書館，並且曾經擔任金鼎獎評審、全國好書及公務員專書閱讀甄選審委等。

相信影像對民眾的影響力，因此曾經擔任公共電視、華視電視公司的董事，並且陪著孩子從電影中進行生命教育的學習。

著作有《李偉文的退休進行式3：你好，我好，做公益與世界共好》、《李偉文的退休進行式2：50+的自在活，健康老》、《李偉文的退休進行式》、《活得興高采烈》、《迷路原為看花開》、《您撥的電話未開機》、《給自己最好的禮物》、《只讀好冊》等。

時報文化出版公司成立於一九七五年，並於一九九九年股票上櫃公開發行，於二〇〇八年脫離中時集團非屬旺中，以「尊重智慧與創意的文化事業」為信念。

副總編輯——邱憶伶
副主編——陳映儒
封面設計——陳思妤
內頁設計——張靜怡
董事長——趙政岷
出版者——時報文化出版企業股份有限公司
一〇八〇一九臺北市和平西路三段二四〇號三樓
發行專線——（〇二）二三〇六—六八四二
讀者服務專線——〇八〇〇—二三一—七〇五
（〇二）二三〇四—七一〇三
讀者服務傳真——（〇二）二三〇四—六八五八
郵撥——一九三四四七二四 時報文化出版公司
信箱——一〇八九九臺北華江橋郵局第九九信箱
時報悅讀網——http://www.readingtimes.com.tw
電子郵件信箱——newstudy@readingtimes.com.tw
時報悅讀俱樂部——https://www.facebook.com/readingtimes.2
法律顧問——理律法律事務所 陳長文律師、李念祖律師
印刷——家佑印刷有限公司
初版一刷——二〇二五年二月二十一日
定價——新臺幣三八〇元
（若有缺頁或破損，請寄回更換）

看見荒野：土地與人永續美好共生／李偉文著 .
-- 初版 . -- 臺北市：時報文化出版企業股份有限公司，
2025.02
288 面；14.8×21 公分 . --（VIEW 系列；152）
ISBN 978-626-419-252-1（平裝）

1. CST：中華民國荒野保護協會　2. CST：自然保育

367.06　　114001054

ISBN 978-626-419-252-1
Printed in Taiwan